选择幸福

101个幸福的方法

CHOOSE

THE LIFE YOU WANT

[美]
泰勒·本-沙哈尔
(Tal Ben-Shahar)
著

倪子君 刘骏杰
译

中信出版集团 | 北京

图书在版编目（CIP）数据

选择幸福：101个幸福的方法 /（美）泰勒·本-沙
哈尔著；倪子君，刘骏杰译 . -- 北京：中信出版社，
2022.3（2025.5 重印）
书名原文：Choose the Life You Want
ISBN 978-7-5217-4008-0

Ⅰ . ①选… Ⅱ . ①泰… ②倪… ③刘… Ⅲ . ①幸福－
通俗读物 Ⅳ . ① B82-49

中国版本图书馆 CIP 数据核字 (2022) 第 030348 号

选择幸福——101 个幸福的方法
著者： ［美］泰勒·本-沙哈尔
译者： 倪子君 刘骏杰
出版发行：中信出版集团股份有限公司
（北京市朝阳区东三环北路 27 号嘉铭中心 邮编 100020）
承印者： 北京盛通印刷股份有限公司

开本：880mm×1230mm 1/32 印张：7.5 字数：155 千字
版次：2022 年 3 月第 1 版 印次：2025 年 5 月第 2 次印刷
京权图字：01-2015-6411 书号：ISBN 978-7-5217-4008-0
定价：56.00 元

献给我的父母

目 录

序

一个人阐释人生观的最佳方式不是语言，而是他做出的选择。天长日久，我们刻画着命运，也刻画着我们自己，终其一生，直至死亡。

——埃莉诺·罗斯福，美国前第一夫人

十余年来，我一直教授积极心理学课程，并撰写积极心理学书籍。在此期间，这门"幸福的科学"深深地影响了许多大学生、高危人群、企业高管以及政府官员。一路走来，我自始至终坚持一个目标，那就是将社会科学中高深的研究转化为易理解、可操作的方法，帮助个人、组织和社会更好地发展。

我最初之所以对积极心理学感兴趣，是因为我想过上更幸福、更令人满足的生活。对我而言，幸福的一个关键要素是实现工作与生活的平衡，经过多年的练习，我似乎已经找到维持这种平衡的方法。而就在这时，金融危机爆发了。

银行相继宣告破产，一度兴盛的企业变得难以为继，各项目资金短缺，人们失去自己的房子和工作。对那些未受到严酷冲击、相对幸运的人来说，他们中的许多人都慢慢丧失了对这个世界的信心，这个世界似乎不再稳定和安全。与过去相比，我的客户更需要积极心理学，培养他们的抗挫力，保持前进的动力，以支持个人和团队渡过难关，在任何可能的情况下发现潜在的机会。

我发现我很难对这些深陷危机的人说"不"，于是我之前尚能维持的生活和工作的平衡就这样被打破了。我在巴黎为某家高科技公司做咨询，在香港为医生群体举办工作坊，在纽约为高中生讲课，在以色列特拉维夫参加一个有关市场变化的头脑风暴会议。基本上，当时哪里受到了金融危机的影响，哪里就是我和积极心理学的战场，甚至我回到家后也经常熬至深夜，进行各种跨时区的电话会议。

经过一年多无休止的忙碌，我终于筋疲力尽了。一天晚上，我猛然意识到我已经被耗尽。那天我在准备一个为期三天的课程，课上有一个环节，要求我尽力调动学员，去发现现实与乐观之间、承认眼前困苦与展望美好未来之间微妙的平衡。通常，此类挑战会让我兴奋，但这一次，我居然一点儿精神都提不起来。我完全无法想象，未来几天该怎么度过。

我尝试进行一次积极的自我激励，可是这次毫无作用，以前奏效的方法和技巧，这次都不管用了。我没有了精力，没有了动力。当时看起来，我如果继续做这个项目，就只能强迫自己挺过去。我之前也这么做过，并且还可以再做一次。我只能这么做了，我真的别无选择。

因为有了这个"破罐子破摔"的念头，我上床睡觉时感觉更糟了。一想到未来几天的窘况，我的心情就很差，而且我对于自己无法想出一个有效激励自己的方法也感到无比沮丧。我无法解决问题，而是向问题俯首称臣了。接着，就在我昏昏欲睡时，一个念头在脑海中闪现："不，这不是真的！我并非只能痛苦地熬过接下来的几天，我有其他选择！"

在那一刻，我意识到，未来三天如何度过很大程度上由我自己决定。我可以选择苦熬几日，也可以选择另一条路，即从热情的参与者那里获得力量，沉浸在自己深信的课程内容中，唤醒我内心的使命感——"通过教育使这个世界变得更美好"。这些都可以赋予我力量！选择痛苦承受还是热情享受是显而易见的。

一旦做出选择，我就改变了关注点。改变了关注点后，我的感受就改变了。就在几分钟之前，我还一筹莫展，而现在我已经为未来几天感到兴奋不已。我的热情被激发了，接下来的几天，我给出了迄今为止最充满热情的表现。

一旦意识到自己的选择是什么，我就会在几秒内做出决定。但是，我发现关键点在于，意识到自己有选择可能比选择本身要难得多。换句话说，做出一个可能的选择，而且是一个明显的选择，只有在感觉到自己"真的可以选择"时，才会成为一种可能。

事实上，我们通常会认为决策是最难的部分，其实意识到自己可以做出哪些选择才是更难的部分。

实际上，我们生命的每时每刻都存在一些隐藏着的选择。

或许，这种醒悟并不该让我如此惊讶。毕竟，相关心理学研究已经表明，40% 的幸福感来自我们的选择，即我们主动选择的想做的事和所做的事会直接影响我们的感受。

比如说，在失去晋升的机会或是创业失败的情况下，我可以把这些经历看作永远无法翻身的致命一击，也可以把它们看作一种提醒——一个学习和成长的机会。如果我一味地从负面看待此事，那么我的自我感觉会很差，并且对未来持悲观态度。但如果把挫折看作一种提醒，我就可以从中吸取经验教训，还能提升对未来的期望。意识到"我有一种选择"不仅可以提高日后的成功率，还可以在当下使自我感觉好起来。

在罗伯特·弗罗斯特著名的诗作《未选择的路》中，他描述，当自己站在岔路口，被迫在两条路中选择一条时，他选择了那条更少人走过的路，它是一个对漫长的人生来讲"令一切与众不同"的选择。

弗罗斯特面对的艰难选择（知道这个选择对未来有着深远的影响，却难以做出选择）让每一位读者都产生了共鸣。我们都曾身处这样的困境：是否要下定决心走进婚姻，大学该选择什么专业，要不要接受另一个城市的工作职位……在这些困难的时刻，我们期望做出正确的决定，还要尽力不在这个极其重要的决定面前崩溃，有时不做选择本身就是一种影响深远的选择。

生命中那些所谓的重大决策，也就是人们定义的那些少之又少、影响一生的决定，并不应该掩盖一个事实，那就是在人的一生中其实事事处处都面临选择。在人生中的每个时刻，我们做出的每个微小的选择，都会对人生产生影响，日积月累，一点儿也不亚于那些重大决策。我可以选择挺直腰板，也可以选择弯腰驼背；可以选择友善待人，也可以选择消极冷漠；可以选择为自己拥有健康、亲情、友情而感恩，也可以选择把一切当作理所当然；可以相信"我可以做出选择"，也可以对潜在的选择视而不见。对个人来说，这些选择看似没那么重要，但它们如一块块砖石，铺成了我们自己的人生之路。

更重要的是，这些选择产生的连锁效应（比如一系列小事件和当下的感受）创造了一种生命状态，这种生命状态往往更深远地影响我们的人生，超越了做决定的那一刻我们可以预见的影响。比如说，如果一大早就感到苦闷和焦虑，我就可以通过深呼吸、微笑，或者在做事时考虑我的人生目标来改善我的情绪。以上任何一种选择都可以产生积极的连锁效应，让我在愉悦的心理状态下度过这一天，并且在工作和家庭中触发其他积极的体验。同样，当我第一次与一个朋友坐下来进餐时，我如果选择用心并真诚倾听朋友的心声，就可以提高整个交流的质量，还会增进双方的友谊。

通常，由于我们意识不到自己正处在岔路口（事实上存在更多选择），因此我们往往无法享受最佳选择带来的好处。亨利·福特曾经说："无论你认为自己行还是不行，你都是对的。"同样，这句话也适用于我们的选择：无论你认为自己有选择还是没有选择，你都是对的。换句话说，当你认定自己没有其他选择时，这就将成为现实。在我授课的前一晚，当我感到疲惫不堪、无精打采时，我能看到的唯一出路就是挣扎着挺过接下来的几天。我原本有其他选择，但我完全被自己当时有限的洞察力制约了。

察觉不到自己每时每刻都有选择权，就相当于放弃了能够改善生活的控制权。比如，我们会想当然地认为，自己的感受只能如此、无法改变了；我们会对别人的行为做出自动的反应，完全考虑不到或许我们还有其他选择；我们会一次又一次用同样的方式应对同样的情形和问题，就好像其他方式都不存在似的。我们会假设自己的想法、行为以及感受是不可避免的，继而否定了其他选择的可能性。

在《深夜加油站遇见苏格拉底》一书中，丹·米尔曼讲了一个他从老师那里听到的故事：

> 午餐的哨声吹响后，所有工人坐在一起用餐。每天，山姆打开饭盒后都抱怨："该死！又是花生酱和果酱的三明治。我讨厌死花生酱和果酱了！"他日复一日对着他的午饭发牢骚。直到有一天，一个同事终于忍不住问他："山姆，如果你这么讨厌花生酱和果酱，为什么不让你老婆做别的呢？"
>
> "我老婆？"山姆回答，"我还没结婚呢，这些三明治都是我自己做的。"

我们经常无意识地做同样的事，就像每天都在为自己用一成不变的食材做着不合口味的三明治。生活给我们的原料是一些我们无法控制的外部条件，比如身体特征、原生家庭、全球经济的波动，或者一些由他人选择而我们没有发言权的决定。然而，即使限制和约束如此之多，我们选择哪种原材料、如何使用它们，其实绝大部分仍取决于我们自己。

　　无论我们身处何种环境，我们都可以有意识地努力发掘外在环境或自身的潜力。当我们抛开惯有的视角时，往往会惊喜地发现，原来有那么多美味的原材料可以选择，我们完全可以做一个自己喜欢的三明治。对于选择原材料的自由，与应对各种环境一样，我们能够成为现实生活的创造者和决策者。

　　所以，你想为自己创造什么样的现实呢？你自己做的三明治好不好吃？实际上，这都取决于你自己，你有更多的选择！"你的生活你做主"，开始选择吧！

"是什么"与"不是什么"

　　工作坊前夜那个灵光一闪的时刻，让我意识到，我能够在生活的各个方面更积极地创造一种我想要的生活。静下心来，从容地发现之前曾被自己忽略的可能性，就像为一个充满机会的世界打开了一扇大门。一个小小的观念的调整却为我的人生带来了巨大的影响，而这正是我决定写这本书的原因。

本书介绍了三种类型的选择：第一种选择是我们每时每刻都要做的微小选择，比如微笑或深呼吸；第二种选择是我们在某件事发生时做出的选择，比如对失败的反应，或者是否要赞美一位成功完成项目的同事；第三种选择是生命中的重大选择，比如我们追求的职业道路，或者是否该从事某个公益项目。本书主要关注前两种类型的选择，也会提及第三种类型的选择，并贯穿全书。

这不是一本关于道德决策的书，也不是帮你进行困难决策的书。本书涉及的大部分选择，即我们生活中面对的大部分选择，我将其称为"不是选择的选择"。换句话说，这些选择中有哪些是正确的决定通常显而易见。比如，大多数时候我们都清楚该如何选择：什么坐姿是正确的？怎样走路更得体？面对失败或成功如何反应更有益？哪种与孩子和伴侣的沟通方式是适宜的？然而我们却常常拒绝已知的正确选择。苏格拉底说过："知道才能做到。"不幸的是，他说得并不对。

本书的主要内容并非关于"知道"什么是正确的选择，而是关于如何"做到"正确的选择。自始至终，我有两个目标：第一，帮助你成为一个有觉知力的人，意识到在每日、每时、每分、每秒，你的生命中都存在选择，让你有机会做正确的选择；第二，鼓励你在做出最佳选择后采取行动，也就是"知道"并"做到"。

本书由一系列选择组成，大部分选择是那些"不是选择的选择"。每个选择后面都有一段引言，简要说明这个选择，同时用一个故事描述这个选择。这些故事包括个人的奇闻逸事、假想的故事、心理实验的介绍、历史人物的记述，或者是电影或文学著作中虚构人物的经历。这些故事的意义在于激活你的思路，让这些选择变得更易懂、更接近现实生活。之后，由你自己决定是否将一些例子举一反三，应用于生活的其他方面。比如，如果某些例子是和工作有关的，你就可以思考一下，看看这个特殊的选择方式是否可以应用到家庭中；如果一个例子是关于你和爱人之间的亲密关系的，你就可以看看，在和上司或孩子相处的过程中是否有相似的情景。

你可以轻松阅读本书，也可以把它当作一本练习册，即花一天或一个月时间去思考和执行每一个选择。为了帮助记忆，你可以写下自己所关注的选择，并摆在醒目的位置——电冰箱上、办公桌上、口袋里或是设置成手机或电脑的屏保，这将对你有很大帮助。我个人觉得，最有效的提醒方式是在手腕上系一条简单的小带子，它能帮助我固化某个选择行为，使它成为我的第二天性。在接下来的一周至一个月的时间里，我每天都会戴着这个类似腕带的东西（心理学家威廉·詹姆斯称，养成一个新习惯需要 21天）。我现在所戴的腕带每天都会提醒我，要以幽默和轻松的心态面对周遭的一切，而之前一段充满压力的时期，我所戴的腕带则在提醒我，要更有耐心地对待我的孩子们。

阅读本书时，你可以尝试不同的选择。在某次思考或实验之后，如果某个特定的选择无法引起你的共鸣，那么你可以先跳到下一个选择上，或者重复之前的练习。过一段时间，你再回到那些跳过的选择上，看看是否对你有所触动。

你也可以选择几个主题，与读书俱乐部成员、你的家人和朋友一起讨论。在工作场合，针对各种选择进行的有益讨论可以增强团队的凝聚力，还可以化解并削弱扼杀创新的固化思维。将选择如何改变了自己生活的故事与他人分享，往往可以成为激励他人行动的巨大力量。

我在这本书里提供的选择，有一些来自我个人、朋友以及客户的经历，有一些则基于心理学家、哲学家以及全球商界和学界领袖的相关研究。

你会发现，书中有些选择会出现一些重叠。这是我特意安排的，基于两个原因：第一，当我们从不同的角度应对同样的问题时，可能更有助于改变自己的习惯；第二，如果我们想确保改变的持久性，不断重复就至关重要了。

感谢你"选择"这本书。

选择就是创造。
决定去选择，就是决定去创造。
通过我的选择，
我创造了我的生活。

在我生命中的
每一刻都可以选择。
每分每秒组合成我的生命，
每个选择组合成我的人生。

我想过什么样的生活？
什么样的选择
会创造这样的生活？

1

你可以选择

要知道，拥有选择自己人生道路的权利是一项神圣的特权。使用它。活在无限的可能里。

——奥普拉

最近我注意到，似乎大部分关于如何应对现代生活压力的话题都在建议，我们应该停止焦虑，不要太拼命，应该顺其自然，过好当下的生活就好了。有时这些建议不错，既然很多事情的控制权并不在我们手中，那么担忧、焦虑也是徒劳的。同时，过度关注未来，只会使我们无法享受当下的美好。然而，此类建议却存在严重的缺陷："过好当下的生活"有可能使我们忽略自己最神圣的特权，也就是选择的能力。"过好当下的生活"看似能把我们从压力和挣扎中解救出来，实际上它有一个不良后果，那就是会阻止我们主动把握自己的人生，活出美好。

当"过好当下的生活"之类的劝诫成为我们不去选择的许可证时，他人的选择就成了我们生活的主导：一成不变地生活，被动地过日子，而不是主动地创造我们真正想要的生活。实际上，若要拥有幸福的生活，我们必须主动选择走那条有选择的路——这是一切选择的基础。我们首先需要相信，生活中的可能性远远超出我们的想象，然后努力探寻，找到最适合自己的人生道路。

每个人都有感到困惑的时候。我们或许很不情愿为一个不懂得尊重他人的老板工作，但由于我们需要那份工资，而且找工作也不容易，因此我们别无他法。我们的亲密伴侣或许已经让我们感到冷漠、陌生、毫无爱意，但由于我们害怕孤独，所以一直走不出来。

当然，还有许多让我们感到困惑的因素。我们或许认为自己的生活还不错，无论是个人还是事业，但同时又感到似乎还缺少了什么重要的东西。我们或许会发现许多值得感恩的事情，但同时又感觉到这种领悟还不够，因为我们的内心并没有感到兴奋或受到激励。最终，无论是身处厄运还是红运当头，我们都会感到困惑，并且无法从中挣脱出来。

但是，在感到困惑的时候，我们更要走那条有选择的路，更要努力寻找改变生活的新方法——我们只能从内心找到打开心灵牢狱之门的钥匙。这样的环境也会让我们发现，或许客观限制会影响我们的生活，但我们的思维模式也有无法推卸的责任：选择的可能性总是有的，所以我们一定可以找到正确的方法，或多或少地改善自己的生活。对选择的探寻，也就是对改变的探寻。

认识选择的力量。坐下来，好好回想、分析、思考一切可能性。向自己提一些尖锐的问题：我要做什么才能过上自己想过的生活？我要去哪里？我怎样才能到达目的地？把你的选择写下来，然后和你信任的人讨论。对"我别无选择"这种答案说"不"。

选择并不容易。选择除了需要努力，还需要勇气。选择需要慎重和策略，而不只是顺应潮流；选择是去探索未知的领域，而不是满足于走过的路径；选择是愿意去奋斗和尝试失败，而不是沉迷于安全和熟悉的舒适区。新的选择并不一定可以消除你的困惑或其他问题，但主动挖掘新选择的心态可以提高你解决问题的概率，并且帮助你发挥更大的潜力，让你变得更成功、更幸福。

你的选择是什么？是只想"过好当下的生活"，被动地屈服于困境，还是选择主动创造你想要的生活？这是一个你随时都在面临的选择，而这个选择也决定了你能否受益于本书，以及书外无限的可能性。本书将帮助你打造你想要的生活。

2

留心美妙之时

那些活在世界的美好和神秘之中的人，从不会对生命感到寂寞或厌倦。

——蕾切尔·卡逊

我们的世界观很大程度上取决于自己的选择。我们每天是否真的投入了时间仔细地观察周围的一切？我们是否看到了世界的美好、乐趣、魅力以及神秘？在上班途中，我们是呆呆地看着窗外，还是会欣赏天空的颜色和云朵的形状？我们会不会因为路边小狗可爱的样子而开怀大笑？而看到一位老人步履蹒跚时，我们的内心又会不会产生一些同情、敬佩甚至难过？

我们的心很容易被自己的想法占据，我们也很容易因日常事务繁忙而忽略身边的一切。当然，偶尔做做白日梦并没有什么坏处，但我们若能更多地留心自己正在做的一切，就可以生活得更健康、更幸福。

关注是一种选择，也是一件可以练习的事情：当我们胡思乱想时——无论是在吃饭、做家务、写报告还是在开车，我们都可以学会渐渐转移自己的关注点，让它不断捕捉这个世界无所不在的奇妙。

在加强关注力这件事上，我能够想到的最佳建议就是阅读（并且反复阅读）海伦·凯勒的《假如给我三天光明》。凯勒在19个月大的时候因病失去了视觉和听觉，她在散文中写道，如果有三天让她重拾这些感觉，自己将会做些什么。在文章里，她叙述了一段和朋友的对话，这位朋友刚从森林里散步归来。凯勒问朋友都看见了什么，朋友的回答是："没什么特别的。"凯勒感到很费解，她不明白，一个人怎么可能走遍整个森林都没看见任何特别的东西。

> 作为一个失去光明的人，我可以给那些能看得见的人一个提示，给那些能够充分使用视力的人一个劝告：去用你的眼睛，就好像明天你就要失明一样。这种方法同样适用于其他感官。去聆听声音的乐章、鸟儿的歌唱、激昂的管弦乐曲，就好像明天你就要失聪一样。去触摸你想触摸的每一样东西，就好像明天你不再拥有触觉一样。去闻闻花儿的清香，仔细品尝食物的味道，就好像明天你再也闻不到气味、尝不出味道一样。最大限度地利用每一种感官，用自然赋予人类的感官来接触世界，你能借此领略到这个世界的快乐与美好。

在所有的感官中，我确信拥有光明绝对是最令人愉悦的。

有时我们唯一需要做的就是关注自己的感觉，享受世界的美妙。海伦·凯勒提醒我们，要意识到自己是多么幸运，可以直接体会身边和心里最宝贵的财富——一切美好的景象、声音、味道以及感觉。

3

退后一步

任何人都会发怒。发怒非常容易。然而，向正确的人、以正确的度、在正确的地方、以正确的理由，以及用正确的方式发怒，很不容易。

——亚里士多德

一个人在激动时很容易犯罪。我们都听过正常人突然变得很暴力的案例：他可能在情急时失控，并且做出让自己后悔不已的事情。值得庆幸的是，大部分人都会控制自己的情绪，而且也不会真的杀光所有想要杀的人。然而，很多人都难免在激动时犯一些小错误。我们会因为孩子赖床、上课迟到而训斥他们，我们会气急败坏地发邮件给无礼的客户，甚至会诅咒那些超车的人。当你感到情绪激动时，你可以退一步，或者开始数数（1~10、1~100 都可以）。别忘了，我们一直都有选择权：你可以选择被自己的情绪掌控，也可以选择退后一步（暂停一下），控制自己的情绪。

心理学家乔治·勒文施泰因曾经做过一个有关热态和冷态的研究。热态指的是一种情绪上的高强度状态，我们在这种状态下会很想做些什么，或是抑制自己某些可能的行为；冷态指的则是一种情绪的稳定状态，我们在这种状态下的决策几乎完全依靠理性思维。根据两种不同的状态，我们的思维和行为也会截然不同。例如，丹尼尔·吉尔伯特在研究中发现，饥饿的人在购买食物时比吃饱的人买得更多，这是由于饥饿的人处于热态，会高估自己的食量。

饿着肚子购物相对来说是无害的，可是我们在热态下的反应可能会带来极为严重的后果，比如路怒就是一种典型的热态下的危险行为。同时，即使深知可能面临的巨大风险，青少年仍会在冲动的情况下进行不安全的性行为。事实上，每个人都有自己后悔的行为或言语。

知道热态的存在，可以极大地帮助我们更理性地应对各种情况。辨别热态的过程能够将我们从过度沉浸于问题本身、凭直觉做出反应的状态拉出来，退一步静观其变，这种察觉可以让我们在性冲动和愤怒时采取更谨慎的措施。

4

有意识地思与行

思虑过度必然导致结果适得其反，它只会加剧我们的痛苦，
以及让我们盲目地勇往直前，尝试解决无法解决的问题。
——马克·威廉姆斯

我们经常会在遇到问题时陷入思虑过度的状态，然后不断地
在脑海里预演各种可能的情况。我们似乎相信，反复思索可以帮
助我们缓解不舒服或不幸福的感受。事实上，在头脑中重复预演
可能的情况，通常只会导致事情变得更糟。心理学家马克·威廉
姆斯认为："思虑过度其实是问题的一部分，而不是解决方案。"
以简明的思维（无论是写日记还是表述自己的想法）应对心理和
情绪的挑战才是正确的途径，而果断地行动（通过做些具体的事
来改善自己的情绪）与让混乱和负面的思维侵害我们的情绪相
比，效果天壤之别。

想象一个工作中的困境：你正在为某个项目的期限以及你和老板紧张的关系而担忧。你的脑海里不断重演着你们最近的几次谈话，以及他是如何责怪你的误期，并且拒绝聆听项目延迟的原因——这些原因实际上和他近期实施的新政策有直接关系。你确信老板认为你很差劲，并且不具备完成任务的能力。当然，这不是真的，但如果尝试和他沟通，又会使老板认为你是个喜欢狡辩的人。更糟的是，导致上一个项目延迟的问题尚未解决，下一个项目的限期又逼近了。你无法停止思考自己的困境，而这样的思维只会产生更多的担忧和无助感："如果这次再延迟，老板会怎么看我呢？他如果炒我鱿鱼该怎么办？在这种经济环境中，我该如何找新工作呢？没了工作，我该怎么养家呢？"

　　与其关注处境里那些毫无帮助的因素，你不如选择做一件能够提升自己的积极情绪和工作能力的事情。

　　写下自己关于这个困境的想法和感受。这样可以改变你的消极感受，而且从中获得的启发也可以帮助你在面对挑战时制订能够及时完成工作的方案。当你的老板因为你的进步而认可你的能力和忠诚时，你就更容易找他谈有关新政策的问题了。走出这个困境之后，你还可以寻找更多的方法改善你和老板之间的关系。

5

传达自信

好的姿态可以反映出好的心境。

——植芝盛平

当你肩膀下沉、脚步沉重、低着头走进一个房间时，你所传达的信息是你是一个缺乏自信、精力不足的人；当你以正常的姿态、抬头挺胸、大步走进去时，你传达给众人的信息就截然不同了，他们会认为你拥有积极的精神状态。更重要的是，我们的姿态所传达的信息不只是给他人的，更是给自己的。当我们自信满满地走在路上时，我们就会变得更自信；端正的坐姿也具有增强动力和保持活力的效果；当我们同他人有力地握手时，也能使自己变得更自信。

当我们的姿态充满了信心和正能量时，我们就能够增强内在的自信并激励自己。由此可见，我们的行为可以改变我们的态度。

20 世纪 30 年代，玛瓦·柯林斯出生在亚拉巴马州。作为一个在美国南方种族隔离州长大的非裔女孩，她经历了种族歧视和各种不平等的待遇。然而她成了一名非常成功且受人敬重的老师，并且帮助上千名问题学生走上了成功之路。她是怎么做到的？她是如何成功帮助那么多被认定为"无法教育"的学生的？答案是，她给了学生他们最需要的东西——坚信自己可以成功的信念。而她之所以能够给予别人这种力量，则是因为她对自己充满信心。

柯林斯说过："以前，成功的黑人确实很少见。"她将自己的成就归功于父母：尽管经济状况欠佳，还存在种族歧视问题，但他们在玛瓦成长的过程中一直培养她的自尊心。在充满了对自我价值观具有毁灭性影响的种族歧视和不平等的文化中，柯林斯的父母一直告诉她要坚强、捍卫自己。

捍卫自己是柯林斯的父母一直坚持的理念。柯林斯从很小的时候就被教导，有尊严的姿态对于自尊是很重要的，并且这个姿态会告诉所有人，她是一个有价值的人。柯林斯回忆，母亲经常会告诫她和妹妹："把头抬起来！"柯林斯如今已经 70 多岁了，但她走路时抬头挺胸的姿态仍然在告诉所有人，她是一个充满自信和自尊的人。她的姿态、她的声音以及她的眼神都为她赢得了尊重，当然，还有她无私奉献的精神和行动。

从现在开始，调整你的坐姿吧。通过你的姿态传达你的自信，让全世界都知道你是一个充满力量和自信的人。

6

做出改变

绝不要怀疑少数有思想、坚定不移的人，以及他们改变世界
的能力。实际上，为人类带来改变的正是这些人。

——玛格丽特·米德

我们在面对现代社会的诸多严重问题时，很容易感到无能为
力。例如，教育标准下滑、越来越多的企业丑闻、经济危机，还
有战争、环境污染以及恐怖分子。仅凭一己之力，如何实现改
变？像我这样有一身缺点且缺乏自信的人，又如何实现有意义的
改变？作为个人来说，尽管世上很多问题确实超出了我们的能力
范围，但我们改变世界的能力比我们想象的大得多。我可以实现
许多改变，我可以选择为某个目标付出心血并付诸行动。

在电影《让爱传出去》中，老师交给学生们一个任务：找到
一个方法，促成世界的积极改变。一个叫特雷弗的学生准备帮

助三个人（三个随机的善行），然后要求这三个人再去帮助三个人，以此类推。如果每个被帮助的人都以这个方法将爱传递下去，那么 21 轮后，全世界的人就都接受了他人的帮助。在电影中，特雷弗的行为带来了一连串积极的连锁反应，而这种连锁反应也意义深远地触动了许多人。

我们在面对重大挑战时之所以感到无助，是因为我们会先入为主地认定自己的力量微不足道。如果我们能够找到带动他人的方法——哪怕只有几个人，我们就可以实现更大的改变。要知道，现代社会的社交网络扩展得非常快，我们所做的每件事都可以迅速地跨越时间和空间影响这个世界。

促成这个世界的积极改变吧！把你所得的祝福传递出去，并且鼓励他人一起参与。

7

立即行动

千里之行，始于足下。

——老子

拖延、敷衍、故意放慢流程、将今天可以完成和需要完成的事无意识地延期，都是普遍现象。比如，超过 70% 的大学生发现自己有拖延的毛病。我们可以找到拖延的诱因，但我们不能忽视拖延的代价。研究指出，通常来说，喜欢拖延的人压力更大，其免疫系统更弱，睡眠质量较差，毫无疑问，他们的幸福感也相对更低。

值得庆幸的是，针对拖延症的研究找到了可以帮助人们克服拖延的方法，其中一个最主要的方法叫作"5 分钟起飞法"，它的内容很简单，就是无论你是否愿意，都要"开始"着手做那些被自己拖延的事情。喜欢拖延的人往往相信自己只有在很想做一件事时（心态要正确，还要有激情），才能开始行动。事实并非如此，通常来说，完成任务的前提只需有个开端，即开始行动之后往往就能启动更多的行动。

在研究拖延问题时，我把 5 分钟起飞法以及我如何使用它在早晨开启写作工作的经验告诉了我的太太塔米。她对于我需要应用这种"技巧"开始工作感到很吃惊："我看到你每次在电脑前一坐就是好几个小时，而且始终是完全投入的状态。"

她说得没错，但万事开头难。开始工作时，我经常会感到很挣扎，而且前 5 分钟的确很艰难，我会很难集中精力、无法专注，并且缺乏动力。可是，一旦行动起来，往后的过程就流畅多了。

当我处理那些不是特别有意义或并不快乐的事情时，例如改作业或申报所得税，克服自己拖延的倾向往往比较困难。我有时甚至需要重复 5 分钟起飞法两三次，才能把自己推到即刻行动的状态。

举个例子，如果你很难养成运动的习惯，那么你要做的选择是，穿上球鞋，开始跑步。我们的行动往往有着自我巩固的效果。你如果有需要完成的项目，就千万不要等待那个所谓的好时机。下定决心，现在就行动起来！

这个方法在更宏大的事情上也能帮到你：致力于你的愿景、你的梦想，停止拖延；为自己现在想要的生活找到立刻行动的方法。

8

宽恕

真正的宽恕不是事发后的行为，而是你面对未来人生的心态。

——戴维·里奇

我们都知道人无完人，但我们依然会因为各种不完美伤害自己和他人。我不相信我们可以（或是应该）原谅所有事情，但我知道我们有许多仇恨（对自己和他人的）是可以放下的。在梵文里，"宽恕"和"解开"是一个意思。当我们宽恕他人时，我们其实是解开了情绪上的结，并且清扫了情绪系统中的垃圾。当我们宽恕他人时，我们就是在让自己的情绪自由流动，并且感受其中的愤怒、失望、恐惧、痛苦、同情以及喜悦。记仇就好像把心结弄得越来越紧，放下仇恨则好像放开自己的手，打开心结。

两个和尚在准备渡河时看到了一位美丽的年轻女子，她也要渡河，却害怕被激流冲走。这时大师兄问道："这位女施主，让贫僧背你过去如何？"她欣然答应了。渡河后，她谢过大师兄就走了。

女子走远后，小师弟严厉地责备了大师兄："你真是不知羞耻，我们是不可以碰女人的身体的。"两个小时后，在他们快回到寺院时，小师弟又说："我要把这件事告诉方丈，因为你犯了一个大戒。"这时，大师兄迷惑地问："我犯了什么大戒呢？"

"你背一个年轻貌美的女子过河。"

"哦，那件事啊。你说得对，我是背了她。但过了河以后我就把她放下了啊，而你为什么到现在还放不下呢？"

现在就放下你无须背负的重担，选择宽恕，平静、幸福地生活。

9

找到自己的使命

这才是生命中真正的喜悦——投身于自己认为伟大的目标。

——萧伯纳

在我们醒着的时候，差不多有一半的时间是在公司度过的，但许多人在每年上千个小时的工作中很少能发现其中的意义和价值。如果找不到工作的意义，那么我们有两个选择（除了让自己变得不幸福）：找一份有意义的工作，或者在现有的工作中找到意义。

并非所有人都拥有完美的工作——一个能够体现自己的价值、人际关系融洽、环境舒适的工作。但就算我们的工作不是那么理想，我们还是有许多选择。无论你是首席执行官还是销售人员，是投资银行家还是物业人员，我们或多或少都会有一些选择权（即便不是完全的控制权），让我们可以选择关注工作中的某些元素，继而决定我们在工作中的感受。比如说，我们可以提醒自己，自己的工作其实具有改善他人生活的力量；我们可以关注那些使自己感到兴奋的工作内容，以及我们与同事和客户之间有意义的交流；我们可以感恩自己在工作中的个人成长和专业性成长。如果现有的职位无法让我们找到个人价值，那么我们至少可以告诉自己，这份薪资确实为自己和家人提供了经济保障，并且为自己在工作外参与有意义的活动奠定了经济基础。

有一天，一个人走到工地旁边，问工人他们在干什么。第一个工人说他在砌砖，第二个工人说他在建一堵墙，第三个工人说他在盖一座神圣的教堂。

心理学家埃米·瑞斯尼斯基和简·达顿的研究指出，我们的思维模式（我们的关注点）将在很大程度上决定自己在工作中的体验。瑞斯尼斯基和达顿在研究中跟进了一些医院的保洁人员，他们发现其中一组认为工作就是打工——仅仅为了挣点儿工资，并且觉得工作很无聊，没有意义；另一组却将工作看作一种使命，并且在工作中充满了投入感和敬意。他们后来还发现，两组保洁人员的做事风格也不一样：第二组保洁人员与护士、医生以及探望者之间的交流更多，也会确保自己和他人交流时带给对方快乐。总的来说，他们看到的是工作中更深刻的意义：他们不只是在打扫卫生，更是为病人的健康以及医院顺畅的运作做出自己的贡献。

事实上，两组人的工作内容是一样的。那些在工作中关注自己是否实现了积极的改变，以及是否为病人的康复做出了贡献的人，确实比其他保洁人员更幸福。此外，他们甚至比一些医生幸福，因为这些医生和第一组保洁人员一样，也未能发现工作的意义。

研究人员在理发师、工程师以及餐厅员工身上也发现了类似的模式。无论是有意识的还是无意识的，那些选择将工作看作打工的人与将工作看作使命的人相比，都过得不太幸福，对生活的满意度也较低。研究的结论是："在最严格和最乏味的工作中，员工一样可以发挥自己的影响力。"

今天，许多企业都要求员工写述职报告，要求他们强调自己工作中的技术层面。然而，这样做强化了将工作看作打工的概念。与其如此，为什么不让员工强调那些使他们感到有意义的事呢？换句话说，与其让员工写一份述职报告，不如让他们写一份"使命感报告"。

10

从苦难中学习

别与苦难中的智慧擦肩而过。

——安妮·哈比森

尽管我不希望经历苦难，苦难却经常主动找上门。每当它出现在门口时，我都知道自己是有选择的。我可以把它看作一种绝对的负面经历——一个我应该尽快忘却且再也不要想起的经历，或者我可以主动识别并学习每次苦难中的闪光点。我可以从苦难中学会谦虚（认识到自己的不足）、同理心（学会将心比心，体会他人的痛苦）、耐心（学会接受事与愿违的现实），以及抗挫力（在克服困难后，从自己复原的能力中获得自信）。每当负面事件出现时，我都可以将其视作帮助自己成长和提升的工具。人生不如意事十之八九，然而我可以选择优化每件事。

2000 年，卡塔利娜·埃斯科瓦尔在一次意外中不幸失去了她挚爱的儿子，在这种毁灭性的伤痛之下，她选择将自己的生命投入拯救其他儿童的工作中。后来她去了哥伦比亚卡塔赫纳市，当地的婴幼儿死亡率高达 5%（在一般发达国家，这个概率大约是 0.5%）。卡塔利娜在那里建立了胡安·费利佩·戈麦斯·埃斯科瓦尔基金会——一个为高危儿童提供营养食品、为年轻妈妈提供健康服务的机构。因为她的努力，数以千计的儿童得到了救助，并且未来将有更多的儿童得到基金会的帮助。

卡塔利娜现在是世界著名的儿童健康护卫者。她走遍全球进行演讲，呼吁大家建立类似的机构，帮助改善儿童的生活。她所建立的机构结合了社会服务和高效的商业运作，成为哥伦比亚以及许多贫困城市学习的典范。

这是否说明卡塔利娜认为孩子的离世是为了让她履行更伟大的使命？我并不同意这个想法，我确定，如果可以，她会用尽一切可能的方法换回自己的孩子。然而，她在经历了人间悲剧后，发现了自己内心巨大的力量，一股能够让她重新振作、积极改变自己和他人的力量。

你正在面对苦难吗？从中发现值得学习之处吧。回想过去，从以往的苦难中学习，在苦难中成长。

11

爱的冥想

对人类来说，感激之心就好像供给植物养分的阳光。
——弗兰克·艾弗森

因为一些原因，有些人（包括熟人及陌生人）会让我们感到很不舒服，可能是因为他们的行为模式或说话方式，也可能是因为他们的外表或走路的姿态。尽管我们不需要强迫自己改变对这些人的看法（离他们远一点儿，或者减少和他们相处的时间），但是当我们总是盲目地屈服于自己的不良反应时，我们也失去了许多良机。

反思自己不喜欢他人的原因，可以帮助我们更全面地认识自己，因为我们所厌恶的那些品质往往也正是我们最不喜欢自己的地方。学着欣赏自己讨厌的人，可以帮助我们发现他人的内在价值，增强自己的同理心，打造更融洽的人际关系。

在东方，有关爱的冥想练习已经有数千年的历史。近期，西方科学家也证实了这种练习的显著好处。这种冥想的机制很简单，它能够直接针对自我和他人的善行、慷慨、仁慈及积极情绪。

我们可以先从简单的"感受爱"开始，然后逐渐把爱的力量传递给那些我们不是很喜欢的人。比如说，你可以从自己的孩子开始，体验你对他的爱，体验了这种情绪之后，你可以将思维转向一个并不熟悉的人，然后将你的积极情绪也应用在他的身上。通过这种练习，你可以提升自己爱人的能力，甚至包括对那些你讨厌的人。

我曾在一次为期两天的工作坊里做这个练习，我还记得第一天并不是特别顺利，当时有一些学员表示非常怀疑积极心理学，而我在那天的练习中也变得越来越不耐烦。于是，我在第二天起床后马上做了爱的冥想：我先将爱的感觉放在家人身上，然后将其扩展到工作坊里的所有学员。在冥想的过程中，我真的感受到了自己对学员的爱。所以我后来去工作坊时，由内而外洋溢着积极情绪。结果，第二天非常顺利，我也从中学到许多，特别是从那些充满了质疑的学员身上。我无法得知这是不是冥想的功劳——我当时并没有对照组可以比较，但就算我的个人干预计划没能提升授课水平，对我个人来说，它也已经显现了极大的效果。

你有特别讨厌的人吗？之所以讨厌他，是因为他的某个特点或是行为吗？今天就试试爱的冥想，体验对那个人的积极情绪吧。

12

面对自己的弱点

弱点是羞愧和恐惧的核心，是我们争取自我价值的前提，但它同时也是喜悦、创新性、归属感以及爱的来源。

——布勒内·布朗

表达自己——公开地分享自己的想法和感受，同时也意味着面临被他人拒绝和伤害的风险。但若只是戴着面具做人（无论那张面具多么美丽），就等于是在自我否定，并且会导致不幸福和不满。尽管在做真实的自己时，他人或许会不喜欢我，但是如果我经常戴着面具做人，只会导致自己越来越厌恶自己。

戴着面具做人通常是自尊心不足的表现。长期扮演另一个人，不但不能解决问题，而且会弱化自尊心。此外，就算他人都喜欢你扮演的角色，他们真正喜欢的也并不是你，而是那个虚拟的人物。当你选择做真实的自己时——表达自己而不是演一出好戏，你就再也不必为自己是谁而感到抱歉了。唯有如此，你真正的内在美才能被充分释放出来。

布勒内·布朗教授研究过许多拥有强烈自尊的人，她想了解这些人和那些自我认知相对较低的人的差异。她发现，其中一个最明显的差异是勇气——做一个不完美、有弱点的人的勇气。

与其总是担心自己的爱是否有回报，不如主动爱别人；与其选择不去应聘一个自己真正想要但不太可能得到的职位，不如勇往直前；与其担心自己在别人心目中的形象，不如做真实的自己。"不再勉强扮演那个自己认为应该成为的人，才能成为真实的自己。"与其隐藏自己的弱点和不完美，不如大方地分享、表达出来。

悦纳自己的弱点、放下完美的假面具并不容易，弱点会让你付出代价，甚至是很大的代价！然而，与压抑真实自我的后果相比，这个代价就变得微不足道了。当我们不允许自己有弱点时，我们同时也是在抑制自己获得喜悦、幸福以及追求人生的真实意义的可能性。

你可以活得更真实一些吗？不要怕，做一个有弱点但真实的人吧！

13

力求双赢

世界上的资源足够养活所有人。富足心态体现的是共享声望、奖励、利益，以及决策权的意愿。富足心态打开的是可能性、选择性，以及创新性的大门。

——史蒂芬·柯维

在大部分矛盾纠纷里（无论是小到家人之间的口角，还是严重到政治冲突），我们都能找到双赢的方法。当你的目标是打败对手时，你就会把大部分精力用在破坏上，而不是放在创造最大的价值上。此外，以打败对手的心态面对纠纷，通常会导致对方出现相同的心态，而结果很可能是两败俱伤。

当你表达善意和帮助的意愿时，你其实是在呼吁对方做相同的事。而当你们将双方的资源和能力结合起来，同时为个人和团体创造利益时，你们反而会提升双方的成功率。打败对手的快乐是短暂的，但双赢所带来的喜悦不仅可以维持很长时间，通常还会成为更多积极体验的基础。

在斯坦福大学的一次研究中，李·罗斯和史蒂文·塞缪尔斯让学生推举他们公认的最乐于合作和最具竞争性的同学。然后让那些当选者在不知情的情况下参与一个叫"窘境"的游戏，其中每个人都可以选择合作（双赢）的态度与竞争的态度。研究人员随机告知其中一半的学生该游戏的名称是"快乐的社区"，而另一半则被告知游戏的名称是"血战华尔街"。

大部分参加"快乐的社区"的人都选择了合作，而大部分参加"血战华尔街"的人则选择了不合作。同时，无论参赛者是被大家评选为乐于合作还是具有竞争性，这对他们在这个游戏里的行为的影响都是微不足道的，真正造成影响的其实是研究人员设计的环境。

我们其实也可以设计改变自己行为模式的环境及生活。如果我们可以以双赢的心态面对生活（就好像参与了"快乐的社区"），我们就更容易与他人合作，并且促成双赢的局面。当拥有双赢的思维模式时，我们不但会大大提升人际关系，还能更好地享受生活。

你在和别人交流时，无论话题是有关合作的还是竞争的，都别忘了思考如何才能得到双赢的结果。

14

感受人生

生命中的黄金时刻总是稍纵即逝；只有在天使离去后，我们
才会发现他们的踪迹。

——乔治·艾略特

现代人的生活原则是"越多越好"，然而重视数量多于质量
是有代价的。如果我们总是走马观花，那么，一件事能够带给我
们快乐的潜力再大，我们也无法从中获得真正的快乐。如果我们
狼吞虎咽地享用食物，那么，它们就算是世间的顶级美食，也和
一般食物没有任何区别。美酒鉴赏家绝不会一口气喝下整杯红酒，
为了能够品味美酒的丰富，他一定会慢慢地去闻、去品。而如果
你想成为一个生活的鉴赏家，品味生活的丰盛，就需要时不时地
放慢自己的脚步。

埃里克·布龙–山格拉德是一名盲人设计师，他会帮助自己

的客户打造一个不仅看起来舒服，住起来也非常舒适的家。他的故事可以帮助我们品味生活，更多地体验内心和外界的一切。

埃里克在30多岁时失明。在那之前，他是一名成功为迪奥、爱马仕、香奈儿等著名品牌进行创新设计的企业家。由于一场大病，埃里克失明了。他不得不停止一切工作，并且重新思考自己的人生。他当时正在设计自己在洛杉矶的家，但他没有把剩下的设计工作交给他人，他决定自己去完成。那次经历后，他开启了自己的设计事业，并且做得很好。

当埃里克和潜在客户见面时，他能从他们的言语里听出更深层次的信息；平静的内心赋予他洞察和理解人们需求的能力。同样，每当走进一间新房子时，他都会放慢脚步，感受每一个房间，倾听内心和外界的声音，并且在心里画着设计蓝图——一张可以让冰冷的建筑物变成温馨家园的蓝图。

失明让埃里克发自内心地看到世界的丰富以及生命的美好，放慢脚步去感受人生。

不要总是忙碌奔波，你可以慢下来，细细品味生活的美好吗？

15

尊重你的身体

在西方社会，营养问题几乎是所有疾病的主要诱因之一。

——戴维·塞尔旺-施赖伯

尽管世界上有很多人都有营养不良的问题，但在一些国家（特别是西方国家）存在营养过剩的问题。对这些国家的人来说，食物不但是触手可及和廉价的，就连味道都是被过度加工过的。结果就是，他们的饮食选择几乎都被非健康食物占领了。基于食量超标和饮食不健康这两个因素，肥胖症、糖尿病、癌症和心脏病等慢性疾病患病人数不断增加。为了拥有更健康、更美好的生活，我们需要留意此类饮食习惯的问题。

蓝区是指世界上百岁老人最多的地区，在这些地区生活的长寿者的各项健康指标都正常。美国老龄化研究所的罗伯特·凯恩博士、来自《国家地理》的丹·比特纳和他旨在"发现全球在健康和长寿方面最好的实践案例，并将其应用在我们的生活中"的团队，对蓝区进行了研究。

比特纳发现蓝区民众都有健康的饮食习惯。从营养的角度来说，蓝区人经常吃的食物是天然食品而非加工食品，大量的水果、蔬菜以及坚果等等。

长寿的关键不只关乎食品的质量，还关乎数量问题。在日本某地，当地人在饭前都会告诉自己："吃到八分饱就好。"这个日复一日的习惯使得他们几乎都没有暴饮暴食的问题。比特纳指出，西方国家的人一般都是吃饱了才会停，而冲绳人则是吃到八分饱就会停。

通常来说，蓝区民众的饮食习惯可以用"适度"这个词形容。他们既不会让自己饿肚子，也不会剥夺自己偶尔吃点儿垃圾食物的权利。同时，他们绝不会像很多人那样暴饮暴食。我们的身体的确有处理食物中不良成分的能力，但由于大部分食物都含有或多或少的不良成分，所以如果我们持续暴饮暴食，那么即便身体再好，也会落得个"好汉不敌人多"的下场。

我个人已经适应冲绳人适度饮食的习惯。这个适应过程花了我几个月的时间，在这几个月中，我会戴一个腕带，提醒自己遵守"八分饱"的规则，以及食用健康的食物和使用健康的烹饪方法。

开始关心自己的身体吧。享受食物，享受丰盛，不过一定要适度，这样你才可以无忧无虑地拥有长期健康。

16

创造好运

当真理来敲门时，你却说："走开，别烦我，我在等真理。"
于是真理离开了……

——罗伯特·M. 波西格

机会经常来敲门——一个巧合、一个偶然、一份意外的礼物、一个惊喜，我们却视而不见。我们假装什么也没发生过，继续自己的生活。的确，如果我们选择相信什么也没出现过，那么机会对我们来说就是一个从未存在过、以后也不会存在的东西。然而，紧紧地抓住机会，将它们的益处最大化，其实是一种对自己负责的态度。无论我们是否相信天意，是否相信看似偶然的经历与命运有所谓的直接关联，关注机会确实能够带给我们许多益处，也就是心理学家荣格所说的"同步性"。

生活中有一些因素是我们无法控制的，然而我们仍有能力改变命运。赫特福德大学的理查德·怀斯曼教授曾经针对那些所谓幸运的人进行研究，其中包括自认为幸运的人和被认为幸运的人。他在研究中发现，在所谓幸运和不幸的人当中，其实存在个性差异——行为与思维模式。

那些被认为幸运的人大都拥有许多为自己创造好运的方法，包括充分利用各种机会。在幸运的人看来，大部分人眼中的偶然其实是重要的机会。幸运的人不会等待运气的到来，他们会通过改变自己创造好运，例如他们阅读的报纸、参与的活动，以及他们的社交圈。这些改变会增加他们发掘重要机会的可能性。

幸运的人的另一个特点是，他们总是关注积极的方面。比如，如果他们被打劫了，那么他们会因自己没有受伤而感恩；在他们工作表现不佳时，他们会吸取失败的经验，并发现成长的可能性。通过这种解读方式，他们可以将他人眼中的负面事件（被打劫、业绩不佳等）转变为积极的事件（没有受伤、进一步学习的机会等）。而这种对过往事件的诠释也会影响他们的未来。信念通常会成为自我实现的预言，那些相信自己幸运的人往往真的更幸运。

通过改变自己的思维模式，乐观积极地创造自己的好运吧。

17

改变你的思维模式

思维模式不是永久性的。在过去 20 年里，心理学伟大的发现之一就是人们可以选择自己的思维模式。

——马丁·塞利格曼

我们的脑海里充满了持续流动的想法，其中也包含了大量有害的负面信息，这些负面信息存在的时间太久了，导致我们误以为它们就是现实。比如，许多人认为自己不配做一个幸福、成功的人；有人坚信自己是一个不会读书、学不会什么技能的人。但通常来说，这些负面信息都是没有任何事实基础、非理性的。我们经常会在未加思考的前提下接受并相信它们的真实性。

与其让这些信息在你的心里反复回响，不如唤醒你的理性思维，将它们各个击破。你应该清楚地分辨并掌控你内心的信息，而不是被它们主宰。

加州大学洛杉矶分校的杰弗里·施瓦茨教授和他的团队发现了一种可以帮助人们消除内心负面信息的方法。这种方法能够让人们意识到,他们肤浅地、无意识地接受并内化的大量信息实际上都是他人强加给自己的(包括长辈和媒体等)。而当他们认清那些信息的本质(这些信息是被自己内化的他人的看法,而非真实的自我认知)之后,源自这些负面信息的伤害和压力就再也无法束缚他们了。

施瓦茨提到过萨拉的案例,萨拉内化的信息是:自己只有做到完美,才能被他人接受和喜爱。尽管这样的信息明显是扭曲和错误的,但对萨拉来说,这就是她的现实情况。这个信息也导致萨拉强迫自己关注她的朋友和同事的每一句话、每个动作。然而,由于她的标准无人可及,因此她把自己看作一个失败者,并且时常感到抑郁且没有价值感。

后来,她的身心健康也受到了影响:她丧失了所有和朋友交流、做运动以及正常生活的动力。

只有意识到这种自我认知是错误的,是"欺骗性的大脑信息",萨拉才能够重新开始真正的生活。当然,这种改变也不是一夜之间就能完成的:在改变那些根深蒂固的思维模式的过程中,她必须付出大量的努力。在萨拉看清负面信息的本质后,负面信息对她的掌控也就消失了。

我们会因为认知不足而无法抵抗那些负面信息,但现在我们可以做到!

你会选择向这些具有压制性的负面信息低头,在它们的铁蹄下度过余生,还是选择认清它们,做真实的自己?

18

由衷赞美他人

一个由衷的赞美可以让我快乐两个月。

——马克·吐温

赞美不仅是那些让人感到快乐的话语，如果我们欣赏不到他人身上的优点，它们就会贬值，继而使我们身边的美好变少。每当我认可并赞美我的爱人、孩子、员工或者我自己时，我实际上都是在激励那些被我赞美的人，并且加强了我和他们之间的联结。就如同将富余的财产存进储蓄账户以备不时之需，经常给予他人积极的反馈也能增进你们之间的亲密关系，提升你们同甘共苦的能力。无论在家里还是在公司，不需要任何成本的微笑和鼓励都能够帮助我们变得更幸福。

卡萝尔·麦克劳德和大卫·梅辛在《你把水桶加满了吗?》一书中比喻性地描述了一个世界，其中所有人都随身携带一个隐形的水桶，水桶的作用在于装载每个人的积极思维和感觉：装满的水桶表示我们感觉良好，空了的水桶则表示我们不幸福。

当我们让他人感觉良好时——赞美他们、善待他们或者只是一个简单的微笑，我们其实是在帮助他们装满自己的水桶；当我们让他人感到不舒服时——贬低他们、嘲笑他们或者通过某种途径伤害他们，我们就是在抽干他们水桶里的积极情绪。一个感激的举动或者一句体贴的话语的最大好处在于，当我们帮助他人装满他们的水桶时，同时也在装满自己的水桶。给予就是收获。

尽管这个寓言是写给孩子的，但它所讲的道理对所有人来说都一样重要。无论你是什么身份——律师、教师、银行家、药剂师、朋友、伴侣或是为人父母，你都可以成为一个"倒水的人"，并且让自己和身边的人生活得更加美好。

19

做一个价值发现者

在所有环境中发现积极之处是一种乐趣。别忘了，95% 的
情绪取决于你对环境的诠释。

——博恩·崔西

梭罗说过："就算是天堂，吹毛求疵者也能挑出毛病。"由于
吹毛求疵者总是在寻找周围事物的各种问题和缺点，再加上"努
力一定会有收获"这个定律，导致天堂在他们眼中也变得不完美
了。而价值发现者是能够在绝望中找到一线希望、在腐朽中看见
神奇的人，他们总是能够看到生活中美好的一面，并且不会怪罪
励志类图书的作者使用了过多的陈词滥调。事实上，在大部分情
况下，我们确实能够发现生活中的美好。我们对生活态度的选择
（无论是价值发现者还是吹毛求疵者）会极大地影响自己的身心
健康、人生经历，甚至身边人的经历。

让我和大家分享几个人的故事。

我患有注意力集中障碍症，我的思维经常会到处游走，所以我很难持续关注任何一件事。同时，我的障碍症也会让学习和工作变得十分困难。

从 11 岁开始，我的梦想一直是成为职业壁球选手。而当我20 岁正准备开始职业壁球生涯的时候，我却受了伤。受伤之后，我的情绪崩溃了，我的梦想也粉碎了。

我在剑桥大学读博的时候被学校开除了，而且我是那年唯一（校史上少数几个）被开除的学生。总的来说，无论是从专业的角度还是学业的角度，那都是充满了羞辱和徒劳感的一年。

还有比我更倒霉的人吗？

现在，让我从一个稍微不同的角度，再次陈述以上事实。

我患有注意力集中障碍症，但这其实挺好的，因为它会促使我关注那些我热爱的事情，因为只有我热爱的事情才能吸引我的目光。而且，这更是一种祝福，一种促使我追求幸福的内在机制。

成为职业壁球选手的梦想破灭后，我申请攻读心理学——一个我终生热爱的领域。

我在剑桥大学读博时被学校开除了，然而那次的经历其实是披着苦难面纱的祝福，它为我日后咨询顾问的职业生涯开辟了道路。我当时骄傲自大，这是导致失败的首要因素。然而，被学校开除使我变得谦卑，并且我因此去了亚洲，在那里幸福地生活并工作了多年。

还有比我更幸运的人吗？

同样的事，不同的解释；先是吹毛求疵者，然后是价值发现者。我并不是说注意力集中障碍症、放弃梦想或被学校开除是简单和好玩的事，然而从价值发现者的角度看待事情确实可以帮助我们拥有不同的（通常是更好的）理解和经历。

试着分别从吹毛求疵者和价值发现者的角度解读一些你生活中的事情，想想看，你是否愿意终生做一个价值发现者？

20

用心倾听

知识在于教导，智慧在于倾听。

——奥利弗·温德尔·霍姆斯

为需要帮助的人提供情绪和精神支持的关键在于一个人的倾听能力。当他人需要帮助时，我们的本能往往是急于安慰并提出实用的建议。但无论我们分享的知识多么宝贵，无论我们助人的意愿多么强烈，我们首先应该做的都是给予他人分享经历、感受以及想法的空间。在他人倾诉时，我们不能马上思考自己该如何反应、为他人做总结，或是打断他人说话提出我们的建议——哪怕是极好的建议。

从他人的经历和建议中学习非常重要，这也是我们个人成长的主要途径之一，但这种学习方式往往只有在他人感到对方愿意倾听自己的心声时才会奏效。

伟大的领袖最常见的特征之一或许就是他们的人格魅力——通过激情的演讲鼓舞、激励他人的能力，但研究发现，个人魅力其实是被高估的特征，对伟大的领袖来说，更重要的其实是他们的倾听能力。

20世纪70年代初，罗伯特·格林利夫发现历史上伟大的领袖都会以仆人的"姿态"交流和行动，他提出了"仆人式领导"一词。在《圣经》中，摩西和耶稣这样的领袖都被描述成仆人的形象，近代领袖们也一样，比如甘地和马丁·路德·金。遭遇了27年牢狱之灾的纳尔逊·曼德拉在被释放后对南非民众说道："我是你们的仆人。"强生公司的詹姆斯·伯克，以及美体小铺的阿妮塔·罗迪克这样伟大的商业领袖也相信他们作为首席执行官的最高职责是服务他们的员工和客户，并且以他们的需要为根本。

根据格林利夫和其他领导力学者的说法，仆人式领袖的核心特征之一便是他们总会先倾听后发言。格林利夫主张，一个人必须"长期、努力地练习倾听，直到在面对任何问题时都会本能地先倾听"，才有可能成为真正的仆人式领袖。

在某些环境中或某个时刻，例如在家中、在工作岗位上或者在社交圈中，我们都是领袖。当他人和我们分享一些重要的信息时，他们其实是在向我们求助，希望被我们引导。所以，若要有效地发挥领导力并帮助他们，我们首先需要做的是学会倾听。

21

拥有更多积极体验

生活的真谛不在于我们拥有多少，而在于我们享受了多少。
——司布真

许多人都相信，幸福的秘密在于拥有更大的房子、更高级的车、更先进的设备以及更多存款。大部分广告也总是鼓励和宣扬物质崇拜的文化，让人们以为赶上下一个潮流就能幸福快乐。事实上，当我们的基本需要被满足后，拥有更多的东西（更大、更好、更新、更炫）其实并不能使我们更幸福。它们最多能带给我们一种暂时的兴奋，就好像瘾君子吸食毒品一样。

持续的幸福并不在于物质的丰富，而在于对积极体验的追求。例如和孩子打球，和朋友一起吃饭，在沙滩享受海风淡淡的咸味，为了这些积极体验，我愿意付出自己的时间，它们也是生活中不可或缺的。这些"价位"不高的事情却能够带来

"无价"的体验。

想象一下以下情节：你刚刚拿到年终奖，并且比你的预期丰厚很多。你在过去一年里非常努力地工作，并且认为这是你应得的。接下来你要面对的难题是：你是买一辆更新、更好的车，还是带家人出去度假？你告诉自己度假很好，但时间太短了，而一辆车可以开好多年。于是，你决定买车。

但这个想法是错的。营销学教授莱昂纳多·尼古劳的研究团队发现，在我们的基本需要被满足后，更强、更持久的幸福感往往来自生活的积极体验，而不是物质财富的积累。尽管积极体验的时间可能很短，而物质财富或许可以长期留存，但我们可以持续地通过回忆以及交流，享受积极体验的二次体验；反之，事物的新鲜感往往很快就会消失。

但如果物质财富可以为我们带来幸福感，就另当别论了。比如，如果我是一个喜欢玩赛车的人，那么一部新车对我来说能够带来许多积极体验。因此，购物时的评估标准不妨增添一条：日后积极体验的可能性。

我们不需要等到意外之财出现时（比如年终奖）才能获得积极体验，在日常生活中我们一样可以享受积极体验的美好。试试看，与其沉迷在新物件或新游戏里，不如出去看场电影，或者和家人一起打保龄球。

22

接受批评

我们总是表现出渴望真理的样子，实际上，我们只是想证明
自己是正确的。

——米赫内亚·莫尔多韦亚努

　　完美主义者具有代表性的特征之一就是他们在面对批评时
的防御性。为什么会这样？因为批评往往会指出对方的不完美或
缺点，而这是任何完美主义者都很难接受的。然而，许多非完美
主义者在被批评时也很难真正打开自我、有度量地接受批评。防
御性会引发很大的问题，因为固执地拒绝批评实际上是在自己和
有建设性的想法之间，以及自己和他人之间，竖起一堵无形的
墙。防御性不但会剥夺我们成长的机会，还会削弱真正的亲密
关系。

　　我叫泰勒，我是一个完美主义者。

心理学家卡伦·霍尼的研究指出，完美主义（神经症的一种）是无法被根治的。然而，尽管无法根治，完美主义对我们的影响却可以随着时间流逝逐渐减弱。多年来，我自身存在的完美主义的问题已经不再像以前那样严重，这主要得益于我自己的努力——我依然努力着，也就是降低防御性。

当我发现并认识到自己的防御性问题，以及当我听到批评时，我意识到反驳和排斥所带来的代价，于是我决定改变。我的改变主要集中在行为上。准确地说，我会主动征求他人的批评，无论是对我的作品还是我的管理方式，听到批评后，我也会抑制自己的防御性反应。起初，抑制自己严厉并具有讽刺性的反驳很不容易，但逐渐练习后，接受批评也就变得越来越容易了。

多年来，在我对批评的反应变得越来越具开放性时，我的个人生活和职业生涯也明显进步了。

有意识地征求他人的批评，问问自己在哪方面可以做得更好。当你听到他人的反馈时，记得保持开放、谦虚以及学习的态度。

23

学会说"不"

在该拒绝的时候你要说"不"，这要比为了满足别人（或者更糟的，为了避免麻烦）而随口答应对方好得多。
——甘地

"不"是字典里最好读的字眼之一，但它也是许多人最难说出口的字眼之一。我们通常会因为想要满足别人、不让别人失望，或者担心他人失望会引发自己内心的愤怒而答应他们。但我们忽视的是，有时候答应别人其实就是在对自己说"不"。若要变得更幸福、更成功，我们就必须更多地关注自己的意愿。这意味着要学会说"不"——无论是对人还是对机会，这并不容易。这也意味着应暂时放下他人的利益，选择自己真正想做的事情。

对我而言，说"不"很难。在我非常忙碌的一段时间，曾经有一次，在没有任何征兆的情况下，我实然感到恶心、头晕。我当时正在出差，回到家后，我立刻和医生预约就诊。而在去看医生之前的那几天，我一直期望医生会查出一些和压力相关的问题，并且让我减少工作量。我甚至还想象，在医生确诊后，我将打电话给项目合作伙伴，告诉他们我必须暂停工作的情景。

在接下来的两天里，我终于想通了这些胡思乱想的含义。原来，工作中有一些项目并不是我想参与的，而我之所以会参与（尽管我可以随时退出），仅仅是因为我不会说"不"。更严重的是，我已经到了宁愿付出巨大的代价（生病），都在盼望着能有一个人来帮我说"不"（医生的命令）的地步。在我想通了这一点后，我终于找到了倾听自己内心的声音、关爱自己的勇气。后来我打电话给那些合作伙伴，并且满怀歉意地告诉他们，我要退出项目。

想想看，有没有什么项目或活动，退出会对你更好？你应该说"不"的事情有哪些？

24

接受现实，勇敢行动

面对现实，而不是过去式的现实或者理想化的现实。

——杰克·韦尔奇

我们改变现实环境的能力是有限的。因此，无论喜欢与否，我们都需要学会接受现实。我们或许不喜欢地心引力，希望它不存在，但我们不得不接受它并与之共存。如果我们拒绝接受地心引力，那么我们甚至无法生存。同样的道理也可以被应用在所有的现实条件中，比如说，我们无法改变过去、每个人都有各自的体力极限等。

我们与其逃避现实，活在自己的世界里，不如努力地面对现实、接受现实。

社会学家阿隆·安东诺维斯基是幸福学的创始人之一，他认为痛苦是人类与生俱来的天性。同时，释迦牟尼在 2 500 多年前也曾说过，苦难是至高无上的真理。困难、不满足、失望以及不幸其实是生命中不可缺少的部分。而现在的问题是，它们所反映的是人类生命悲观的一面吗？不是，它们仅仅反映出现实情况而已！

这种现实主义与现代励志大师的心灵鸡汤相比，有着显著的对比：励志大师喜欢宣扬美好生活的捷径，他们会保证"成功的五大步骤""致富的三大要点""永远幸福的终极秘密"等等。事实上，在努力拥有幸福且充实的人生路上，是没有捷径的。我们需要在日常生活中持之以恒地努力和奋斗。

就好像释迦牟尼发现了苦难的真谛后，便去探索离苦得乐的方法一样，安东诺维斯基也研究了一些应对苦难的成功案例。他们都找到了一些影响深远、非常有效的方法，帮助人们过上更好的生活。

无论你的人生目标是事业发展、取得科研成果、增进亲密关系，还是拥有更幸福的生活，都需要你首先成为一个敢于面对现实的人。

25

幽默一些，轻松一些

没有幽默感的人就好像没有减震设备的马车——它在行驶时会因为路上的一颗小石子而颠簸。

——亨利·沃德·比彻

　　心理学家会用"认知重建"这个术语描述我们以不同的观点看待环境的能力。在困难或艰苦的环境中，我们如果能够以全新的视角看待问题，就可以从中获益，比如，发现挫折中积极的成分，及其轻松和阳光的一面。当然，有时郑重其事才是恰当的反应，然而很多时候我们对自己的态度（还有生活）都过于认真，导致我们丧失了幽默感。重拾我们失去的笑容和快乐，让我们的身心更健康，变成一个更好相处的人。

　　诺曼·卡森斯在将近 50 岁时被查出患有严重的关节炎，从此，他变成了一个白天离不开止痛药、夜晚离不开安眠药的人。

更严重的是，他的医生说，这样下去将会影响他的寿命。

卡森斯记得曾经在某处看到，压力和痛苦的情绪会削弱免疫系统。当时这只不过是一种猜测，但卡森斯对此坚信不疑。于是，他决定和自己的疾病抗争到底。他离开医院，启动了自己制定的"备选"疗程，也就是欢笑。他每天都会看马克斯兄弟的电影，并且聘请了一名护士每天给他讲好笑的故事。他很快就发现，每次开怀大笑之后，自己的关节痛都会消失两小时。最终，这个疗法非常有效，他不再需要安眠药和止痛药，甚至回到了工作岗位。

多年后，相关科学研究证实了卡森斯的发现。如今，你会在无数研究报告中看到，开怀大笑对减轻疼痛和增强免疫力的作用。无论是通过电影《心灵点滴》中主人公的不懈努力，还是其他类似的案例，你都会发现幽默已经成为疗程中的重要部分。

然而，你不需要等到生病后才将更多的幽默带入你的生活，从现在开始让自己拥有更强的幸福感、更融洽的亲密关系以及更健康的人生。活得轻松一点儿吧！看看自己喜欢的电视剧，看看笑话大全，或者找一个富有幽默感的朋友聚一聚吧。

26

抓住重点

社会教我们的道理就是物质至上，只在乎那些可以"数"得出来的东西。

——劳伦斯·波特

我们通常会以自己所认知的"客观标准"（地位、收入、荣誉以及私家车的数量）或者我们的成就来衡量自己的人生价值。事实上，大量研究结果显示，以这些标准衡量的成功并不会给受试者带来持续的幸福，物质及外在的标准最多会暂时提升幸福感。

拥有更多并不一定会让你更幸福。无论外界环境强加给我们的标准是什么，在获得情感满足和持续幸福感的过程中，我们需要弄清楚什么才是对自己真正重要的，它或许是从事自己喜爱的工作，或许是给予家人更多相处的时间。

在电影《人生遥控器》里，主角迈克尔·纽曼是一个生活节奏极快的人，他的主要关注点是工作中的晋升机会——他认为只有升职加薪才会让自己真正幸福。有一天，迈克尔拿到了一个魔法遥控器，可以让他快进自己的生活，于是他使用这个遥控器跳过晋升之前的一切琐事。他跳过了辛苦的工作，也跳过了生活中点点滴滴的幸福，包括和太太的性生活，因为他认为这些事情只会放缓自己抵达终极目标的进度。在他看来，一切和晋升没有直接关系的事情都是不必要的。

对那些在他身边的人来说，迈克尔似乎完全正常，然而遥控器已经麻痹了迈克尔的大部分人生，让他避免经历期间的过程——那些被他视为妨碍自己获得幸福的事情。于是，迈克尔"昏昏沉沉"地过了一生，跳过了所有他觉得和自己的职业目标没有直接关系的事情。迈克尔年老以后，他才意识到自己犯下的巨大错误——他错过了所有让生命变得有意义的宝贵时刻。

这是一部好莱坞电影，迈克尔最终还是得到了第二次机会，并且这次他改过自新，选择全然经历自己的生活，而不是按下快进键。当然，他还变成了一个更幸福、更好的人。然而在现实生活中，那些因关注自己长期目标而忽略了所有当下的美好的人，是不会有第二次机会的。

对你来说什么是最重要的？试试看，花更多的时间追求那些对你个人有意义的目标，投入到生命中那些真正重要的事情中去吧。

27

独立思考

哈姆雷特所说的"生存还是灭亡"其实就是指"思考还是不思考"。

——艾茵·兰德

亚里士多德认为，人类和动物的区别在于人类拥有理性思维，即思考的能力。作为人类，我们需要思考和推理，而这需要我们付出努力。动物有一种引导它们求生的本能，而人类如果只靠本能，不但无法生存，更别提发展了。比如，动物不会思考"我的使命是什么？""我该如何度过明天、下一周或者未来10年？""我该怎样教育孩子？"等问题。

要想成为自己人生故事的撰写者，我们必须学会三思而后行，不能越过思考的过程。若要拥有充实而幸福的人生，就不能只依靠本能，或者什么事都听别人的。每个人都需要学会独立思考。

我在一个问题人群教育者的研讨会上认识了朗，他是研讨会的发言者，他讲述了他的个人经历。

朗在 14 岁时就有了犯罪记录，到了 15 岁，他已经记不清自己有多少个夜晚是在监狱里度过的。他快 17 岁时被送往一所专门教育有犯罪记录的孩子的寄宿制学校，在那里，他遇见了一个改变了他一生的老师。朗表示，研讨会前两天所讨论的一切教育方式，那位老师几乎都做到了：他关心朗、相信朗、倾听朗的心声，并且衷心地希望朗能够成为一个成功的人。朗说："然而，他给我的最大帮助是让我开始思考。"

朗停了几秒，平稳了一下情绪，接着说道："他告诉我：'没有人可以替你思考，无论你选择浪费自己的生命，还是珍惜每时每刻，这都将取决于你是否思考了自己的选择与后果。'他的话深深地扎在了我的心里，我的命运也因此改变。"

朗现在是一家小型企业的老板，他经常抽空关怀问题人群中的儿童，并且和他们分享那位老师的话。朗说："我'想'，这对他们来说是最重要的信息了。"

28

停止忧虑

担忧并不会拿走明日的惋惜，只会夺取今日的喜悦。

——利奥·巴斯卡利亚

担忧可以起一种重要的作用：我们如果提前为某些事情担忧，就可以避免未来的麻烦。然而，更多的时候，我们会去担忧一些超出自己控制或不重要的事情。每当我开始担忧的时候，我都会提醒自己，先想想自己的担忧是否有必要。如果有，我就会开始思考该怎么办；如果没有，我就会把精力转回更有意义的事情上。

尽管停止担忧在开始时并不容易，但经过持续的练习，我一定能更好地控制自己的思路，并且学会在不必要担忧时放下担忧，继续前进。

斯坦福大学的精神病专家欧文·亚隆曾经针对癌症晚期患者

进行了一系列研究。当病人被告知自己已经病入膏肓时，他们的人生观往往会发生彻底的改变：他们不会再关注无关紧要的问题，并且会非常充实地度过每一天。

相关研究发现，从平均值来说，幸福感会随着年龄的增长而增加。和年轻人不一样的是，年长的人一般不会再关注不重要的问题，他们通常可以克服当下的许多诱惑，并且知道什么才是真正重要的。

我个人常出现的担忧之一就是我的孩子们吃得太少。我年近90岁的奶奶告诉我，在我父亲小的时候，她也经常会为此担忧，但我父亲一直茁壮成长。她说，事实上，当她不再过度担忧时，生活反而变好了很多。听了她的建议，我也决定努力改变！

生命是短暂的，所以对每个人来说，关键在于我们能否真正明白这一点。无论我们愿不愿意，时间都在一秒秒地流逝。生活中有许多值得我们关注的事情，把时间和努力都浪费在无关紧要的事上是很不明智的。

关注对你来说真正重要的事情，好好利用时间吧！

29

乐观积极

你对环境的态度是:"为什么会这样?"我对梦想的态度是:"有什么不能的?"

——萧伯纳

悲观主义者认为乐观是一种不踏实和不真实的态度。尽管从字义来说,乐观主义指的是伟大的期望和梦想,但是这些期望和梦想可以成为自我实现的预言——它们有可能被实现。在悲观主义者的眼中,未来总是黑暗的,但充满希望才更有可能带来成功和幸福。脚踏实地的乐观主义和期望可以提升亲密关系的质量,带来事业上的成功,帮助我们克服困难,为梦想的实现提供重要的基础。我对于自己和他人的期望,从很大程度上来说,将决定我的实际情况。

直到 1954 年，4 分钟内跑完 1 英里^①仍被认为是一件超出人类体能极限的事。当时，医生和科学家都认同这确实代表了人类的生理极限。全球最棒的选手也在一次次的挑战失败之后，证实了专家们的看法。同时，选手们自己也认为，4 分钟内跑 1 英里的确是一个无法跨越的障碍。

尽管如此，牛津大学医学院的学生罗杰·班尼斯特却相信自己可以超越极限。当时，其他运动员和科学界都认为他的想法是一个不切实际的白日梦。但在 1954 年 5 月 6 日，罗杰·班尼斯特以 3 分 59 秒的成绩打破了 1 英里的世界纪录。不可能的任务被完成了。

然而，就在班尼斯特破纪录的 6 个星期后，来自澳大利亚的选手约翰·兰迪居然以 3 分 58 秒破了他的纪录。接着在一年后，又有三名选手在同一场比赛中同时破了 4 分钟的纪录。1954 年以来，4 分钟的纪录已经被打破了 1 000 多次。结果证实，那个"无法跨越的障碍"只是思维障碍，即自我设限。

罗杰·班尼斯特的故事告诉我们，我们的信念（无论是乐观主义者还是悲观主义者）在塑造现实环境的过程中扮演着非常重要的角色。这并不是说我们可以忽视现实条件，或者我们所期望的事都一定会实现，而是我们对自己生活的控制权往往超乎自己的想象。

你的信念的界限是什么？在你实现梦想的道路上，有哪些障碍是你可以跨越的？

---

① 1 英里 ≈ 1.609 千米。——编者注

30

选择仁慈

我发现，人们会忘记你说过什么，也会忘记你做过什么，但永远不会忘记你给他们的感觉。

——玛雅·安吉罗

当我们认为自己比别人强的时候，总是感觉良好；当他人认可我们时，我们也会感觉良好。和孔雀一样，我们都喜欢炫耀自己的美丽、智慧或各种能力。尽管想要被欣赏和受尊敬的心理并没有错——我们天生就在乎他人的看法，然而这种想要炫耀的心理却可能伤害他人。当我们彰显自己的优越性时，往往会让他人感到不足，甚至会伤害他们（长此以往也伤害了自己）。健康和稳定的自尊心不应该建立在他人的自尊心受到伤害的基础上，真实持久的积极心态必须建立在使他人对我们感觉良好的基础上。

亚马逊的创始人兼首席执行官杰夫·贝佐斯在年幼时，每年夏天都会去他祖父母位于得克萨斯州的农场，在那里修理风车、给牲口注射疫苗。在他10岁那年，祖父母带着他一起出游。路上祖父负责开车，祖母则坐在副驾驶座位上，不停地抽烟。

杰夫一直对数字非常着迷，他当时看过的一篇文章说，一个人每抽一口烟，就会减少两分钟的寿命。于是，他大概计算了一下祖母每天会抽多少口烟，再乘上她抽烟的天数，之后，杰夫拍了拍祖母的肩膀，告诉她："以每口烟减少两分钟寿命的算法来看，您已经减少了9年的寿命。"他原本以为自己会因聪明和算术能力强得到赞赏，但没想到并非如此，祖母伤心地哭了起来。

这时，祖父停了车，他温和地对杰夫说："孩子，有一天你会明白，仁慈比聪明更重要。"

35年后，在普林斯顿大学的毕业典礼上，杰夫和2010届的毕业生分享了他的故事。他说："我今天想对你们说的是，天赋和选择是不一样的。聪明是一种天赋，而仁慈是一种选择。拥有天赋并不难，毕竟它是与生俱来的，选择却具有挑战性。"

在向他人炫耀前，先让他们感受到你的仁慈吧！

31

发挥你的优势

能够真正带来改变的是能力，不是缺陷。

——彼得·德鲁克

关注自己的优势，会让你更幸福、更成功。这并不是说我们可以忽视自己的弱点，而是说我们的主要关注点应该放在自己的优势上。用管理大师彼得·德鲁克的话来说，就是："只有当你发挥自己的优势时，你才能真正取得卓越的成就。"

我如果想发掘自己的优势，就必须弄清楚：我的优势是什么？我具有什么特别的能力？我的才能是什么？这些问题对人生大方向的选择（成为作家、教师、律师等等），以及在生活中对优势的应用（准备面向员工的发言，提高自己的数学能力，制订家庭旅游计划，等等）都是很重要的。

在《现在，发现你的优势》一书中，唐纳德·克利夫顿和马库斯·白金汉讲述了一个森林里的新学校的故事，这所学校旨在帮助年轻的动物变得更全能。

小兔子在开学第一天来到了学校，并且上了它拿手并喜欢的跑步课和跳跃课，它下课后非常兴奋，期待着第二天的课程。但第二天老师让它上了它并不擅长的飞翔课和游泳课，这些课程让它感到自己是一个失败者。它回到家后感到非常沮丧，当它告诉父母自己想要退学时，父母却告诉它，它必须继续上学，因为未来的成功取决于它能否成为一只全能的兔子。

由于需要提升游泳和飞翔的能力，老师又给小兔子延长了这些课程的时间，同时因为它跑步和跳跃的能力已经很强了，老师觉得它不需要再上那些课，就把那些课程都取消了。

这个小故事反映了现实的不幸，或者说，它反映的就是现实，特别是在学校、企业等团队里。尽管我们不应该忽视自己的弱点，我们都需要学习写字、基本算术，并且为了生存，我们需要学会工作中的一些基本技能，然而我们绝不能忽视自己的优势，不仅如此，我们还需要付出大量的努力，以培养我们的优势。

为了生存，我们需要控制自己的弱点；为了成功，我们需要发挥自己的优势。

花一些时间，想想自己都有哪些优势，有哪些事情做得特别好，有哪些才华？当你发现自己的优势后，再想想如何更多地在生活中发挥这些优势。

32

学会放下

有些人认为审视过去会使自己更强大，但有时候学会放下才
是更好的选择。

——赫尔曼·黑塞

　　身与心其实是一个系统，当其中一个因素受到影响时，另一
个因素也会受到影响。所有情绪和心理状态都会对我们的生理系
统产生影响——好的坏的都会。例如，如果我因为紧张而说不出
话来，那么这通常是一种情绪压力的表现，而释放这种压力（身
体的压力）或许可以缓解情绪上的压力。咬牙切齿通常是一种极
度愤怒的表现，有时，仅仅放松脸部肌肉，就可以释放一些内在
的愤怒情绪。

　　释放身体的压力（包括前额、下巴、颈部、肩膀、腹部、背
部等），将注意力转移到某一部位，深呼吸，然后慢慢放松该部位，

直到进入一种平静状态为止。在整个过程中，我们可以同时进行冥想，释放这些压力。

著名的瑜伽大师帕特里夏·沃尔登说过，瑜伽最重要的环节是结尾部分，也就是练习者平躺，双手放在两侧的地上，双腿伸直，舒适放松的时候。这个姿势叫作 shavasana（尸解式），也就是完全放松地躺在地上。人们此时可以释放全身的紧张感，并且释放身体各处的压力。通过这个练习，我们还能释放自己未能察觉的各种心理压力。

几乎每次 shavasana 都能给我们带来平静和舒适的感觉，然而它的价值远远不止于此，因为它所带来的平静是可以复制的。当我们熟悉了这种舒适的感觉后，我们还可以将其复制在生活中的其他领域。当我们更多地在适当的地方（瑜伽垫、床或地板）进入这种状态时，就更容易在其他环境中实现同样的效果。凡是长期练习 shavasana 的人，都可以在几乎任何地方、任何时间，通过练习体验同样的平静。

无论你是在工作会议中、和伴侣在一起、抱孩子的时候，还是正在写一份报告，你都可以放松身体上所有感到紧绷的部位、释放你未能察觉的压力。因为身心是一体的，所以你可以通过察觉身体上的问题，学会释放压力，变得更加平静。

33

享受过程

到达目的地当然好，然而过程才是最重要的。

——厄休拉·K. 勒吉恩

相当多的心理学研究指出人们的心理健康在很大程度上反映了他们对生活的控制权。然而，对于心理健康同样重要的一点是，我们需要学会悦纳，接受自己无法控制所有事情的事实。这两种看似冲突的现象——对控制的需要和放下控制权的需要，对我们生活中的所有事情都非常关键。所以，为了身心健康，我们需要划分这些需求之间的界线。

我们对于自己制定的目标，以及所付出的努力是可以控制的，然而，结果是否成功就不是我们可以控制的。因此，我们应该放下对结果的控制权，并且更多地关注过程。

在我读博的第三年，具有挑战性的资格考试即将到来。就在我全力以赴地备考时，我经历了一段压力巨大的时期。我当时不确定自己能否通过资格考试（我没参加过类似的考试），并且我还没想好论文的方向。当时对于外部因素的不确定，让我承受了巨大的压力。我发现，我之所以感到压力过大，是因为我想控制自己无法控制的事情——未来。

最终帮助我度过那段高压时期的是，我放下了对不可控因素的控制权。同时，我开始更多地关注自己可以控制的事情。比如，我可以决定每天中午是阅读还是写论文，或者睡醒后是否立刻坐在电脑前写作。

无论是为某家企业制定战略、和家人度假，还是写一本有关选择权的书，那段时期的经历都给了我很大的启发。

你是否可以将注意力从结果转移到过程？与其一味关注目的地，不如更多地留意自己的旅程。

34

一切都会过去

一切都会过去的。

——埃拉·惠勒·威尔科克斯

我们的生活难免有伤心和痛苦的时刻。就算是世上最幸福的人，也有经历忧伤、失望、愤怒以及悲痛的时候。幸福的人和不幸福的人之间的差别，并不在于他们是否会经历痛苦，而在于他们如何面对及诠释这些痛苦。不幸福的人往往认为痛苦的情绪是永久性的，在这种观点下，痛苦的情绪就会持续下去。相比之下，幸福的人知道，痛苦的情绪和所有情绪一样，只是暂时的，并且这种认知能够帮助他们从不愉快的体验中走出来。

当我们选择如实地诠释痛苦的情绪（它们是暂时的、终会消失的）时，我们才会自然地接受这个过程。同所有情绪一样，痛苦的情绪会自然地出现，也会自然地离开。

从前有一个故事，是关于一个国王的：他总是处于忧伤的状态，无论他用何种方法——来自御医的药物或来自谋士的建议，他依然感到不幸福，并且认为自己越来越不幸福。

大臣们对此束手无策，便向各地派出使者，高薪聘请可以帮助国王的人。于是，全国的"专家"都来到了皇宫，他们用尽浑身解数，但国王仍然没有好转。

几天后，一个朴素的老人来到皇宫的大门口。他说："我是个农民——一个大自然的学生，我是来帮助国王的。"

大臣无礼地说："国王不需要你这种人的帮助！"

"那我就等下去，直到他愿意见我为止。"

在接下来的日子里，国王的状况越来越糟，他感到伤心和无助，并且认为这种痛苦永远不会消失。最终，大臣决定让那位老人来试试看。老人见到国王后，一言不发地走到他面前，给了他一枚木制戒指，然后就离开了。国王看了看那枚戒指，又看了看上面刻的字，把戒指戴在了手指上。这时，长期以来活在痛苦中的国王居然笑了。

大臣问道："陛下，上面写了什么？"

国王回答："就七个字——这些都会过去的。"

所以，当你感到不幸福时，别忘了提醒自己：一切都会过去。

35

动起来!

少量运动的作用和百忧解与哌甲酯一样,而且没有副作用。

——约翰·瑞迪

运动不但有益于我们的身体健康,而且可以极大地降低罹患心脏病、糖尿病甚至癌症的可能性。事实上,运动的好处还不只是生理上的。定期、适度的运动(每周 3 次,每次 30 分钟)在治疗抑郁症和焦虑症方面,甚至和一些药效强劲的抗精神病药有着相同的效果。总的来说,运动可以增进人们的心理健康,提升注意力和创造力,并且极大地降低年老时罹患老年痴呆症和认知障碍的可能性。所以,为了更好地享有身心健康,我们需要动起来!

在电影《机器人总动员》里,人类因严重肥胖、肌肉萎缩已经无法正常行走,他们整天躺着,一日三餐由机器人来喂,并且无意识地看着眼前大屏幕播放的所有节目。不幸的是，在过去几十年里，我们其实一直在快步奔向这种反乌托邦式的未来。

和过去不一样的是，我们如今可以懒惰地生存，不再需要靠捕猎为生，我们的晚餐要么靠微波炉来加热，要么靠外卖员送到门口。我们不再需要伐木或生火，而只要打开暖气就好了。我们可以整天泡在电脑前或抱着手机不放，然后晚上又盯着电视机直到入睡。更糟糕的是，今天孩子们的游乐场不再是几十年前的大街或球场，而是各种屏幕。

就像我们需要氧气和食物一样，人类的天性也需要我们持续地运动。而这种天然的需求如果无法被满足，就会让我们在身心健康方面付出巨大的代价。朋友们，《机器人总动员》里那个违反自然规律的新世界已经在一步步逼近，我们不能再懒惰下去，我们不但需要自己动起来，也要鼓励他人加入运动的行列。

实际上，一些日常的、微小的改变就能引起巨大的改变。例如，上班时，你可以特意将车停得远一些，多走路；种种花草，多走楼梯，少乘电梯，等等。这些简单的运动所带来的好处能够日积月累地改善你的身心健康状况。

36

敞开心扉，不断学习

管理层最常见的错误是，总想找到正确的答案，而不是正确地提问。

——彼得·德鲁克

知道答案是到达目的地，提问则是开始探索。那些拥有问号心态而不是句号心态的人，以及那些不断寻找学习机会的人，通常都活得更幸福、更富有创造力，人际关系更融洽，也更成功。

拥有学习心态的人通常更幽默、更多元化，同时，做一个爱学习的人并不难，我们只需要一颗谦虚的心以及一个好奇的大脑就足够了。我们遇见的每一个人（学生、师长、朋友甚至陌生人）都能成为我们的老师，我们生命中的每段经历都值得学习，生活的每时每刻都有等候我们挖掘的价值。探索世界就等于拥抱生命。

《论语》是一本汇集了孔子的教诲和事迹的书，其中强调了开阔思维和心胸宽广的重要性。书中记述：

> 子入太庙，每事问。或曰："孰谓鄹人之子知礼乎？入太庙，每事问。"子闻之，曰："是礼也。"

至圣先师明白打开自己思维和心胸的重要性，并且也谦虚地以身作则。

和孔子同一时代的孔文子是一个狡猾、一生追逐权力的人，然而在他死后，却被授予"文"的谥号。《论语》中说：

> 子贡问曰："孔文子何以谓之文也？"子曰："敏而好学，不耻下问，是以谓之文也。"

在孔子逝世 100 年后，希腊伟大的哲学家苏格拉底也展示了类似的开放性求知心态："我知道自己的无知。"

打开自己的思维和心胸吧，学会提问，学会倾听，不断学习。

37

发现生活中的无价之宝

生命中最珍贵的东西都不是花钱买来的。

——阿尔伯特·爱因斯坦

日常生活的需要、现代社会快速繁忙的节奏，以及单调乏味的工作，这些因素往往会使生命中真正重要的东西变得模糊。因此，我们经常过着缺乏活力的生活。而我们之所以感到无精打采，是因为我们忘记了活着是一种多么伟大的特权，忘记了我们身边存在多少无价之宝。

为了觉醒，为了重拾我们对生命的热情，我们应该提醒自己，哪些事情才是真正重要的，以及哪些事情会使生命变得有价值。是孩子们的笑声吗？是亲情的温暖吗？是卓越的工作成果吗？是我们感受鲜花的芬芳、水果的香甜、交响乐的美妙，以及感受爱的能力吗？或者仅仅因为我们还活着？想想看，我们当下的所有，哪些是比金银财宝更珍贵的？

诺亚·温伯格拉比通过提醒人们关注真正重要的事情，帮助数以千计的人重拾对生命的热爱。以下是他诸多故事中的一个。

想象自己是一位投资银行家。市场正处于低谷，使你过去几个月的生活陷入困境。有一天，你在工作中又做了一个错误的决策，使你损失了很多钱，你筋疲力尽、心烦意乱地回到家。不巧的是，你的妻子那天的工作也不顺利，并且回家后还照顾了半天孩子。这时，她要你接手照顾孩子、哄孩子入睡。

于是，你让6岁的儿子洗澡，可是他拒绝了；你4岁的女儿也变得很不听话。这时，你感到极其愤怒，快要崩溃了。

这时，你听见有人敲门。打开门，你看到一位穿着非常得体、拿着公文包的老先生。你问他："你好，请问你有什么事吗？"他的回答却是："事实上，我是来帮助你的。"

老先生继续说："我知道你正处于异常艰难的时期，所以我想用1亿美元来买你的孩子。"他打开了公文包，里面装满了100美元面值的钞票。"你的孩子将被照顾得很好——我有许多可靠的保证人，而且你每个月都可以看他们一次……"不用说，你一定会把那个人轰走，尽管你有经济上的担忧，尽管你已经到了崩溃的边缘。

其实，我们不需要等到有人来敲门，然后提醒我们什么才是人生中真正重要的、什么才是真正的无价之宝。

38

切忌"自动驾驶"

我是自己命运的主宰，我是自己灵魂的舵手。
　　——威廉·欧内斯特·亨利

　　我们的大部分时间都是以"自动驾驶"的模式度过的：面对生活中的各种情况时，我们经常会不假思索、自动地做出反应。当有人提出一些我们不同意的观点时，我们会不悦；被批评时，我们会生气；当令人胆怯的挑战出现时，我们会放弃。你或许认为这些反应是不可避免的，其实不是。

　　当我一成不变地应对所有事情时，我其实是在拒绝自己经历更多的积极体验。在这种情况下，我需要退一步，思考自己应如何应对。我需要的是可控、理智、谨慎的行为，并且以此为自己和他人建立更好的关系。

　　你的亲戚中总会有一个让你讨厌的人，在家庭聚会时，他似乎总是喜欢说一些让你忍不住发脾气的话。你甚至会毫无意义地与他争执。这样的情况会一次次地发生，并且每次都让你不舒服很久。

想象一下，在下一次家庭聚会时，你该怎样做？先抑制你的怒火，然后告诉自己，你不是环境（或这位亲戚）的奴隶，而且有好多种你尚未尝试过的反应方式。你可以选择完全忽视这个人，或者以开玩笑的口吻告诉他，自己的年龄已经不小了，不能再这样和他继续斗嘴。你还可以告诉他，你以后会更多地站在他的角度思考，但现在你只想享受家人相聚的美好时光。

你只需要稍微改一下惯常的反应方式，就有可能将自己和他人导向截然不同的结果，从而拥有更和谐的人际关系。

39

微笑

有时候，你的喜悦是你微笑的来源；有时候，你的微笑也可以成为你喜悦的来源。

——一行禅师

身心是互相联结的，身体上的感受也会影响我们的思维和感觉，并且依次影响我们的心理反应。相关"面部反馈假设"研究指出，人们可以通过面部表情影响自己的情绪：微笑可以带来更积极的感觉，皱眉则会使我们感觉糟糕。事实上，我们在任何时刻都能通过微笑或欢笑提升我们的情绪价值。我们可以想象一些能够让自己微笑的事情——我们所爱的人、好玩的故事，甚至假笑，直到我们的情绪有所改善。

我的工作包含两件重要的事情——写作和演讲。我去年面向50多个群体进行了演讲，人数从几个人到几千人不等。我热衷于和学生、客户以及对幸福学感兴趣的人直接交流。但演讲对我来说并不是一件自然或容易的事情，因为我天生是一个害羞且内向的人。在我刚开始授课时，仅仅是想象自己站在学生前面授课的场景，就会让我心跳加快、喉咙发干。而之后这些身体上的反应变得越来越严重，甚至让我感到动弹不得。然而，我拒绝让肢体反应阻止自己完成使命，我也知道这种情况会对我的授课质量产生负面影响。

我发现克服怯场（一个仍然让我挣扎的问题，尽管我授课已经超过 20 年了）最有效的一个技巧就是在授课前微笑。我会想象一些好玩或快乐的事情，或者我所爱的人，我会提醒自己，能够和他人分享自己最关注的主题是多么幸运。接着，我的身体就会充满纯天然的"积极化合物"，使我感到更幸福、更乐观。这样，我便能够饱含热情地授课，而不是在几个幻灯片过去后就感到筋疲力尽。如果我在授课时感到紧张，那么我会再一次通过微笑调整自己的状态。

这种来自微笑的积极情绪还能让听众感到放松，与我和演讲主题产生更积极的联结，并且让所有听众拥有更好的学习体验。与其关注自己的焦虑，不如通过这种下意识的微笑帮助听众提升他们的学习体验，继而增强我在演讲结束时的幸福感。

40

关注美好的一面

每个人、每个地方、每件事情都有其意义和价值，还有未被觉察的机会，而我们需要做的就是关注。

——杰奎琳·斯塔夫罗斯、凯里·托里斯

当我们关注组织或个人的缺点时，我们会忽视其好的方面，并且放大不足之处。但是，当我们主动关注好的方面时，我们就会放大它们的积极性。健康的人生需要真实的人生观——不回避缺点同时也不忽视优点的人生观。

由于我们的文化倾向于强调负面、淡化积极，导致现实被扭曲的现象出现。而这种带有偏见的观点，有一部分其实来自新闻媒体的放大镜效应（特别喜欢关注负面新闻）而不是镜子效应（正确地反映现实）。尽管媒体的负面报道有一定的价值——监视的作用，但由于其中被扭曲的世界观，它们也包含了不健康的成分和各种副作用。在面对这种偏见（半空的杯子）时，我们需要高度警惕，小心地识别，关注杯子半满的部分。

在经典影片《生活多美好》中，主角乔治是一个因感到自己生命缺乏意义和价值而想自杀的人，他的守护天使克拉伦斯救了他，并且决定给他上一课。

克拉伦斯提醒乔治他所做过的好事，比如在他弟弟差点儿淹死的时候救了他，以及说服一家银行继续提供房贷给穷人。克拉伦斯向乔治展现了一个没有他的世界。乔治后来发现，他微不足道的贡献居然可以间接地让世界变得更美好。最终，乔治带着感恩之心回到了现实世界，并且开始关注生命中那些美好的、积极的事情。

尽管我们不一定救过他人的性命，或者曾为穷人与银行抗争，但我们依然可以在自己的人生中找到积极和美好之处。长期关注杯子半空的部分会让我们忽略生活中的美好。通常，观点的转变（无论是因为守护天使还是我们自己）能让我们明白，尽管生活中存在许多艰难险阻，但仍然有很多事情是值得我们感恩的。

想想看，当下值得你感恩的事情有哪些？当你关注生活中积极的一面时，你看到了什么？

41

活在当下

永恒是由无数个当下组成的。

——艾米莉·狄金森

在短暂的生命里，我们经常会被"如果……将会怎样"的问题困扰，而不是享受"现在式"，即平静、真实的当下。例如，如果我考不好将会怎样？如果我无法晋升将会怎样？根据诗人高尔韦·金内尔的说法，与全然体验当下相比，我们更多的是在"提前抹黑期望"。我们长期被困在过去，不断地重述不幸的历史。例如，整天想着一段失败的感情或一个未能按计划实现的项目。与其继续被过去或未来奴役，不如选择全然活在当下。

在《在职辅导培训赏析》里，作者萨拉·奥伦、杰奎琳·宾克特和安·克兰西讲了罗里的故事。罗里原本是一名医学助理，后来他决定离职，去追求自己的梦想，并且开了一间瑜伽按摩工作室。踏上新的事业旅程后不久，罗里开始感到焦虑，并且经常思考过去的失败和充满不确定性的未来。就像富尔顿·奥斯勒所写的，他一直在"对昨日的懊悔和对明日的恐惧"之间挣扎。

在认识到自己不断遭受"如果……将会怎样"这种负面思维的伤害后，罗里做了一件十分简单的事：他在自己的手表上用粗笔写下"现在"。每次他看表时，它都会提醒他，生命是关乎当下的，而不是过去或是未来。这个简单的举动改变了他的生活方式和体验，因此，罗里变得更积极、更有活力，最终走向成功。通过关注当下，罗里发现，原来当下的每一刻都充满各种可能和选择。

你也要提醒自己关注当下，无论是用腕带、在手表上写字，还是在电脑或手机的屏保上编写一条信息。每天哪怕只能抽出一分钟关注自己的呼吸或其他肢体感觉（甚至是环境），都能提升你一整天的生活品质。

42

延迟满足和把握此刻

人类的幸福不是奢侈品，而是一种深刻的心理需求。

——纳撒尼尔·布兰登

学会延迟满足很重要。许多研究显示，延迟满足是我们童年成长过程的关键步骤，也是成功和心理健康的先决条件。然而，在这个快速、忙碌的世界，我们有时会把满足延迟得太久，使我们的生命变得越来越空洞：枯燥乏味，缺乏激情。由于我们的寿命有限，所以，如果无限期地延迟满足，我们最终会失去所有满足。尽管收件箱已经爆满，我们依然可以抽出 3 分钟听自己喜欢的歌；尽管工作项目的期限已经临近，我们依然可以花一小时和朋友相聚；尽管这个世界看似越来越糟糕，我们依然可以时不时地看一场电影。这些小事可能是你为自己和他人做的最好的事情，我们需要经常用这种简单的活动帮助自己恢复精力。

并不是生活方式的巨变让我的幸福感增强，而是因为我应用了"幸福增强剂"——能提升情绪的微小的事情。这些小事情能够让我充满活力和热情，继续前进。

　　我经常会闭上眼，用一分钟想象一个我爱的人。如果时间充裕，我就会找个地方坐下，进行 20 分钟爱的冥想。我也会在繁忙的工作中抽出几分钟听惠特妮·休斯顿的《我将永远爱你》，或者给自己一段比较长的休息时间，沉浸在贝多芬《第六交响曲》的 5 个乐章里。我会深呼吸三下或者打个盹，读一首巴勃罗·聂鲁达的短诗，或者用一小时体验罗伯特·海因莱因奇妙的想象力。

　　过去，我经常会感到筋疲力尽、毫无热情（有时甚至是对生命的倦怠）。后来，我发现最棒的方法就是在日常生活中注入一些幸福增强剂。我不再等到精力快要耗尽时才休息，我会在生活中时不时地混合一些立竿见影的幸福增强剂。这些幸福的时刻不仅让我立刻感到幸福，还能让我内在的热情和活力涌动起来，继而帮助我变得更有效率、更富创新力、更幸福。

　　最大的挑战往往在于实现延迟满足和把握此刻之间的平衡。这就要看你自己了……

43

做你想做的

我们怎样度过每一天，就怎样度过一生。

——安妮·迪拉德

　　和那些不得不达到的目标相比，与自己的理想和兴趣一致的目标（可自由选择的）可以为我们带来更大的成功和幸福感。这并不是说我可以任性地逃避责任或义务，而是说我应该全面规划自己的生活，主动为自己选择人生道路。考虑到每个人在生活中面对的限制和约束，我们应该追求自己所热爱的人生目标，并且认真对待自己的价值观和期望。

　　心理学家埃伦·兰格和朱迪丝·罗丁曾经在一所老人公寓进行研究。在研究中，他们随机将两层楼的居民分成了两组，其中一层楼的居民得到了他们所需要的一切帮助，包括日常安排和浇花等；另外一层楼的居民则被赋予了一定的责任和选择权，比如，他们可以选择自己喜欢的花，并且由自己来浇水，他们在生活中的选择权也更大，例如什么时候看电影、在哪里接待客人。换句话说，他们有更多的机会选择自己想做的事情。

一年半之后，那些在日常生活中拥有更多选择权的组员明显变得更健康、更开朗，并且更自信、反应更快，生活也更愉快了。

最引人注目的研究结果是，与对照组相比，被赋予责任和选择权的组员的生存率也提高了。换句话说，亲自浇花、选择看什么电影以及其他看似微不足道的选择，不仅提升了他们的生活质量，还显著地延长了他们的寿命。

当你尝试帮助别人——各个年龄段的人，满足他们的一切需要时，也要给他们自主选择的机会。当我们把"必须做"改成"想要做"、把规定的事情改成自由选择的事情时，生活就可以发生转变。由此可见，微小的选择能够带来很大的不同。

生命是短暂的。你现在想做什么？10年之后呢？

44

失败乃成功之母

如果你想增加成功的概率，就要先增加失败的次数。

——托马斯·沃森

　　每当我们谈到非常成功的人，几乎总会谈到他们伟大的成就，不会谈到他们所犯的诸多错误，以及他们在奋斗过程中经历的失败。事实上，历史上最成功的人也是失败次数最多的人。这绝不是巧合。无论在哪个领域，成就伟业的人都明白，失败是通往成功途中的一块踏脚石，没有冒险和失败，就不会拥有成功。我们之所以经常忽视这个真理，是因为结果比过程更明显：我们看到的是最终的成果，而不是过程中许许多多的失败。

　　当我承认充分发挥自己的潜力和失败密不可分的时候，我才能勇敢地面对风险和挑战。这个选择很简单：学会面对失败，或从失败中学习。

托马斯·爱迪生在他名下注册了 1 093 个专利，可算史上第一。尽管他在"科学名人堂"绝对占有一席之地，但他同时也应该因其数以千计的失败实验被列入"失败名人堂"。然而，爱迪生本人并不认为那些没有成功的实验是失败的。他在发明蓄电池的时候，有个人向他指出他已经失败一万次了。爱迪生的回答是："我没有失败，我只是成功地发现了一万种不可行的方法。"作为一个真正认识成功的人，爱迪生曾说："我会一路失败到成功为止。"

在"失败名人堂"里，仅次于爱迪生的名人是贝比·鲁斯，他是北美大部分人心目中的全垒打王。但有多少人知道，他曾经是大联盟被三振次数最多的人呢？让我们再换一个领域来看看，亚伯拉罕·林肯曾经经商失败数次，他在 27 岁时处于崩溃的边缘，并且在政治生涯中 8 次输掉竞选，然而他最终成为美国历史上著名的总统之一。

你在哪些领域是因害怕失败而止步不前的？克服其中哪些失败能够让你勇往直前、充分发挥自己的潜力？

45

助人与奉献

你一定有可以给予他人的东西，哪怕只是仁慈。

——安妮·弗兰克

随着时间成本的不断增加、精力以及资源的消耗，许多人会感到自己在尽力的情况下最多只是完成义务而已，这导致我们经常错过帮助他人的机会。漠视那些需要帮助的人，其实我们自己也在遭受损失。

心理学家索尼娅·柳博米尔斯基曾在一次实验中让受试者在一天内做 5 件他们在平时不会做的好事。这些事情不需要很伟大或引人注目（如果你可以实现世界和平，那当然更好了），它们可以是为邻居烤一些饼干，可以是为自己认可的公益组织出资出力，也可以是帮助朋友渡过难关、献血，甚至是帮陌生人开门。柳博米尔斯基发现，无论事情大小，这些善行都能极大地提升给予者的幸福感，并且这种幸福感的提升不仅仅发生在当时或是当天，甚至可以持续一周。

三个以色列青少年多伦·哈曼、以色拉·巴尔·希沙特和何大亚·阿夫拉洛参与了一个名为 LEAD 的计划，这个计划负责教导高中生领导力，并鼓励他们为社会做出贡献。作为最终选定的项目，他们选择帮助智障者群体，这是一个备受特殊计划、社工、志愿者关注的群体。他们感到，智障者群体所缺乏的是给予而不是接受援助的机会，于是他们开始寻找为智障者群体提供做出贡献的机会。

结果，这个计划显著提升了参与者的自我价值感、幸福感以及他们自我激励的能力。这表明每个人都有帮助他人和做出贡献的需求。

通常，帮助自己最好的方法就是帮助他人。通过给予和接受，我们创造的是一种双赢的人际关系；同时，在帮助和被帮助的过程中，我们也能营造一个充满同情心的世界。

你可以帮助他人吗？你可以做些什么？

46

深呼吸

如果我只能给予你一个关于健康的建议，这个建议就是学会正确地呼吸。

——安德鲁·韦尔

浅呼吸是现代人承受巨大压力的一种反应，浅呼吸本身是导致压力的原因之一，因此会导致更多的浅呼吸。为了能够终止浅呼吸和压力所造成的恶性循环，即使是在忙碌的生活中，我依然可以进行三四次深呼吸，并且进入一种深呼吸与平静的良性循环。我可以在任何时候通过深呼吸进行自我修复。例如在我睡醒的时候、坐地铁的时候、等红灯的时候或阅读的时候。我需要做的就是，在舒适的环境中，慢慢地吸入空气，然后慢慢地呼出。

托马斯·克鲁姆在他的著作《三次深呼吸》里讲了安格斯的

故事。安格斯是一个很忙碌的人，工作和生活失去了平衡。安格斯很想花时间陪太太和女儿，又因工作量巨大而左右为难。最终，他感到十分挫败，并且每天都忍受着持续的压力、内疚、愤怒以及疲劳。

有一天早上，生活濒临绝望的安格斯遇见了一位老人，并且成了他的学生。老人通过三次深呼吸的方法，帮助安格斯重新实现了平衡。这个以科学为基础的练习很简单，它可以帮助我们从应激反应转变为赫伯特·本森所称的"松弛反应"。

我平时也会使用托马斯·克鲁姆的技巧，并且从中获益良多。我会先做一次腹式呼吸，即缓慢、深入地吸气，将吸入的空气充满腹部，然后集中精力关注当下。接着是第二次腹式深呼吸，我会在呼吸时关注自己存在的意义。在第三次腹式深呼吸时，我会思考生活中值得感恩的事情。

深呼吸加上关注生活中积极的一面这种强有力的技巧，可以帮助你改善情绪。如果你每天练习数次，那么它还能为你带来内心的平静和喜悦。

47

尊重最亲近的人

尊重是一种朴素的爱。

——弗朗姬·伯恩

我们通常会把自己最好的状态留给陌生人，对于那些最亲近的人——那些最关心我们、我们所爱的人，我们则会很随意地对待他们。我们或许会对家人说一些具有伤害性和攻击性的话，我们或许会对爱人及好友很不友善。尽管这些攻击可能来自亲密感或熟悉度（当然，任何亲密关系都会有摩擦，甚至会有痛苦经历），然而这并不会将你的侮辱、敌意或轻视合理化。所以，我认为：你不会对他人（陌生人）做的事，也不要对你所爱的人做。我们会愤怒和生气，也会失望和受伤，但如果我们想不断增进自己的亲密关系，就必须像对待陌生人那样尊重我们所爱的人。

我出生在一个传统的犹太家庭，所以在我过了 18 岁生日后，我的祖母就开始不断催促我结婚。在和各路"犹太好女孩"（大部分都是她朋友的孙女）相亲差不多一年后，由于没有什么进展，我的祖母和我进行了一次严肃的沟通。

她告诉我，我的问题在于过度追求完美。她接着给我讲了一个故事，故事的主人公是一个来自罗马尼亚锡盖特市（祖母的老家）的年轻男子，那个青年人在 18 岁时咨询了一个媒人，媒人问年轻人："你对未来妻子的要求是什么？"年轻人的回答是："家庭条件好、聪明、善良、美丽、谦虚，而且很会烹饪。"媒人惊叫："你疯了吗！要是有这么好的女孩，那我一天就能促成 6 对！"祖母之所以给我讲这个故事，只是为了传达一个信息：没有一个人是完美的，没有一个人无所不能。

当我们还是孩子时，我们经常认为自己的父母是完美的。这种心态在我们谈恋爱时也会出现。但现实迟早会让我们发现，我们所爱的对象只是个普通人，和我们一样不完美！于是在真相大白后，无论是因为失望，还是因为我们了解到对方的许多缺点，我们给他们的伤害会更甚于其他人。

与关注我们所爱之人的不完美和弱点相比，我们更需要关注他们值得我们欣赏和感激的地方，并且赋予他们应得的爱与尊重。

我的祖父母在一起幸福地生活了 53 年。我现在知道为什么了。

48

坚持做自己

循规蹈矩的奖赏是：所有人都会喜欢你，除了你自己。

——丽塔·梅·布朗

人类是群居动物，所以人类很在乎他人是如何看自己的。事实上，重视他人的看法并不代表我需要放弃自己的信念讨好他人。当我和他人的观点不一致、面临"被大众认可同时也要坚持自己的信念"这样的选择时，我该怎么办？首先，我需要大家的认可，他人的看法对我来说非常重要，我会尝试理解这些看法，并且评估和我的观点有冲突的部分，然后坚定地走自己的路——无论它带来的是他人的赞美还是批评。

当我坚持自己的信念时，我就是在肯定自己的自主性，并且在赢得世间最重要的认可——我对自己的认可。

在《伊索寓言》中，有一位智者，他的儿子担心别人觉得自己丑而不敢出门。他告诉儿子，不必过于担心别人想什么，只需要遵循自己的内心。为了证明这一点，他在接下来的几天里，每天都带着儿子去市场。

第一天，在去市场的路上，他骑着驴子，儿子在他旁边步行。一路上，他们不断听见人们批评父亲，说他怎么忍心在这样的大热天还带孩子出门。

第二天，在去市场的路上，儿子骑着驴子，他在旁边步行。这一次，人们批评孩子不懂事，说他怎么能自己舒服地骑着驴子，让长辈走路。

第三天，在去市场的路上，父子二人一起牵着驴子走。他们听见人们笑话他们太愚蠢："他们难道不知道驴子是用来骑的吗？"

第四天，在去市场的路上，父子二人一起骑着驴子走。这次人们批评他们太残忍了，居然让驴子承受两个人的重量。

第五天，在去市场的路上，父子二人一起背着驴子走，结果市场里的所有人都耻笑他们有驴子竟然不骑。

这时智者对儿子说："你看到了吗？无论你怎么做，总会有不认可你的人。所以，不要再担心别人的看法，坚持做你自己就可以了。"

49

追随内心

激情会使人超越自我，超越不足，超越失败。

——约瑟夫·坎贝尔

当我听从内心的声音，而不是出于内疚或义务时，我更容易成功。前者会给予我活力，后者会使我失去活力。我需要问问自己：什么能给予我力量？什么能给予我活力？我所热爱的是什么？我内心的声音在说什么？这些问题对于生活中的一般选择（寻找适合自己的职业、找到工作和生活之间的平衡等等）以及每时每刻的选择（和孩子们相处、一小时阅读、去健身房健身等等）而言，都很重要。

当我追求自己所热衷的事情时，我不但变得更有活力，还能将这种积极的力量带给身边的人。

苹果公司的创始人史蒂夫·乔布斯卖的不只是电脑和手机，

还有自己的激情。当他首次向全球介绍 iPad（苹果公司生产的平板电脑）时，他反复说："仅仅是把它拿在手里，我就感到惊奇不已。"他所表露的是一种对产品的真实的爱——真实的激情。

几年之前，乔布斯被自己所创立的公司解雇后，曾经一度考虑离开硅谷。然而他发现，尽管他被放逐了，但他仍然热爱自己所做的事情，于是他东山再起，创建了 NeXT 和皮克斯公司，取得了巨大的成功。

就算我们没有成为下一个高科技巨星的雄心壮志，我们依然可以从乔布斯身上学到很多。当他于 2005 年为斯坦福大学毕业生演讲时，他和年轻的毕业生们分享了自己的感悟："你们的时间是有限的，所以不要为别人而活……勇敢地追随自己的内心和直觉。"

追求自己所热爱的人生目标，不一定会给你带来物质或名声上的收获，但生命是短暂的，通过倾听内心真实的声音，做真实的自己，这才是最重要的。

50

学会感恩

感恩之心是判断我们活着的依据。理所当然的态度是一种麻木的态度，而麻木无异于死亡。

——戴维·施泰因德尔－拉斯特

"感恩"这个词有两个意思：第一是感激，也就是"理所当然"的对立态度；第二是增值。感恩在生活中的角色包含了以上两种意义。心理学研究反复证明，当我们对生活中的美好持感恩的态度时，美好就会加倍。同理，当我们忽视那些美好的事情或认为它们是理所当然的时，它们就会减少。

我建议你记感恩日记，在每晚入睡前写下三五件值得感恩的事。意识到生命中的祝福，为美好的事感恩，这会为你吸引更多的美好。

心理学家罗伯特·埃蒙斯和迈克尔·麦卡洛曾组织一系列研

究，他们让参与者每天写下 5 件值得感恩的事。这些事情不必是重要的事或大事，它们可以是琐碎的趣事，或是稍纵即逝的美好经历。结果，参与者所写的事情包罗万象，其中包括父母、滚石乐队、早晨能够活着醒来等。

每天花一分钟表达感恩之情，可以为你带来许多意想不到的收获。与对照组相比，记感恩日记的受试者不但更懂得感恩，而且拥有更强的幸福感和积极情绪，他们都感到自己更快乐、更坚定、更有活力、更乐观，他们也变得更大方、更乐于助人。此外，记感恩日记的受试者的睡眠质量提升了，运动量增加了，各种疾病症状也减少了。

为何花一点儿时间感激生活中的美好能够产生如此大的积极效应？埃蒙斯和麦卡洛认为，感恩之心会为个人的成长和幸福感触发一种积极的上升型螺旋。当你清点所有值得感恩的事情时，你的感觉会更好；当你感觉变得更好时，你就更容易经历积极体验，也会对积极体验更敏锐、更愿意去追求它们。因此，你的生命里会出现更多值得感恩的事，继而大幅提升你的生活质量。你在任何时刻都可以启动这种积极的幸福螺旋，而你需要做的就是发现更多值得感恩的事情。

当你感恩人生的美好时，这些美好就会加倍。

51

沉默是金

我发现人们的不幸都源于一个事实：他们无法安静地待在自己的房间里。

——布莱士·帕斯卡

一颗种子需要空间才能成长。在没有空间的情况下，植物的成长就会变得不自然，甚至扭曲。人类也一样，在学习和成长的过程中，我们也需要空间。其中一个为自己创造空间的方式就是沉默独处。当生命的每一刻都被各种声音充满时，我们就无法发现自己真正的潜力。安静的冥想或独处的时间可以让我们的思路更清晰、更具洞察力。我们需要远离外界的噪声，有时也需要远离话语——包括自己和他人的。

在《寻找莱拉》里，作者罗伯特·M.波西格区分了两种文化对沉默的态度。罗伯特一直致力于发现更好的生活方式。有一次，他走进了美国印第安人的生活，并且和他们一起居住了一段时间。他写道，美国印第安人和西方人的区别是，他们"不会用语言打发时间。当他们没有话说的时候，他们就会保持沉默"。他们会在火堆旁坐上几个小时，偶尔说几句话；他们有时会彼此观察，但更多的是内观。这与爱聊天的欧洲白人截然不同。

美国印第安人之所以喜欢沉默，不仅因为他们没什么话说，更因为他们周围没有人造的噪声。今天的世界是一个对噪声上瘾的世界：孩子们喜欢边听音乐边做作业，一家人在吃晚饭时需要电视节目作为背景音，去健身的人也需要有节奏感的音乐陪伴。噪声已经成为我们生命中很重要的部分，以至于我们在缺少它时甚至会感到不适。在商业会议中，沉默会被认为是低效率、浪费时间的体现；在课堂上，沉默会被看作不专心的学生、讲课不精彩的老师的特点；在朋友聚会上，沉默更是会被定位成聚会的失败。

越来越多的研究指出，持续的听觉刺激会引发巨大的代价，而沉默可以增强我们的创造力和洞察力，使身心更健康，并且提升我们的幸福感。

清除生命中的噪声吧，用沉默替代它们。

52

活出真正的自己

对自己真实的人不会对他人虚假。

——莎士比亚

做真正的自己需要认识自己并且做自己，知道什么对自己是重要的，还要清楚自己的价值，然后根据这些认知来生活。用沃伦·本尼斯的话来说，就是"除非你真正地认识自己，知道自己的优势和不足，知道自己想要做什么以及为什么这么做，否则你的成功就只是表面的"。而当我知道自己是谁、自己想要什么之后，接下来的重任则是做真实的自己。只有做真实的自己，才能拥有充实和满足的生活。

在《塔木德》的前半部和条文部分《密西拿》中有一句格言，可以直接译为："这个时代的面貌就像狗的面貌。"形象一点儿说，这句格言描述的是一个腐败和黑暗的时代，一段人人偏离正轨的时期。

之所以用狗来做比喻，是因为狗在主人面前的行为。我们通常会看到，松开狗链后，狗会立刻冲到主人前面很远的地方。从表面上看，狗处于带领者的位置，事实上，狗是跟随者，并且时常观察主人的举动，推测主人下一步要往哪里走。而当狗推测出主人行动的方向后，它又会全力冲刺，直到它跑到下一个路口为止。

狗在这个比喻中反映的是一种现状，而不是独立性。我们知道，狗并没有能力决定是否顺从主人，顺从是狗天生的行为模式。人类则完全不同，我们可以选择是否顺从他人，是否坚持自己的主张。

在面对自己信任的人时，你可以向他们表达你的价值观以及你最关注的事情，然后努力过相应的生活。

53

真正认识他人

爱的反面不是仇恨，而是冷漠。

——埃利·威塞尔

我们每天都会遇到很多人，每个人都是独立的个体。然而，我们对他们的态度几乎都建立在利益之上，我们只会关注那些对自己有益的方面。如果我们尝试把每个人都看作一个完整的人，而不是利益相关者，那么会怎样呢？如果我们尝试抛开面具、地位以及各种标签，真正地认识他人，又会怎样呢？我们一定会看到他们内在的美好，并且欣赏他们的价值。这样，整个世界也将变得更美好。

学会真正地认识他人，也会使我们认识到不同的自己，发现自己的价值。

多年来，我在课堂上经常会提到玛瓦·柯林斯，她是芝加哥的传奇教育家。我总是会谈到她为问题儿童创造的奇迹，她会激发孩子们的潜能——那些未被发现、未被重视、未被挖掘的潜能。在我 40 岁那年，我的朋友洛诺夫认为，我该去拜访自己心中的英雄。最终，作为生日的惊喜，洛诺夫为我和玛瓦安排了一次午餐聚会。

那次的经历让我十分兴奋！洛诺夫、我、玛瓦还有她的先生乔治在餐厅整整聊了三个小时。我当时觉得，能够和这样的伟人坐在一起，实在是一种荣幸。玛瓦·柯林斯有一种可以带给人们活力和能量的天赋。就座后，我发现服务员似乎有点儿无精打采、心不在焉。然而，柯林斯太太面带微笑，问了他几个生活上的小问题，他的精力和自信明显提升了。他下班后，另一名服务员过来招待我们，这名服务员也得到了相同的鼓舞。柯林斯太太对他人的热情是真实的，她在和他人交流时，总是想要真正地认识对方，并且享受和对方一起相处的时光。

她总是以同样真诚的态度面对和她初次见面的人、和她结婚多年的丈夫、她的朋友和同事，当然还有她的学生。她会以毫无偏见的态度认识和悦纳他人。如果她的学生因为她过于严格而生气，说了一些类似"我讨厌你，柯林斯太太"这样的话，她的反应总是："没事，宝贝，我对你的爱已经足够我们两个人用了。"

仔细观察你身边的人，你是否真的认识自己的朋友？你能否在遇到的人身上看到他们的价值和品质？

54

知足常乐

与其寻找稀有的最佳选择，不如找一个可以满足自己核心需求的选择。

——巴里·施瓦茨

比起祖辈，现代人面临的选择要多得多。我们可以选择住哪里、学什么专业、在哪里工作以及和谁交往。约会时，我们还有服装的选择、音乐的选择、餐厅的选择……尽管选择多是一件好事，但选择过多就未必是好事了——更多不一定总是更好。在一个充满资源和机会的世界却出现了更多让我们思虑过度、后悔以及不满的因素。

我们该怎么办？我们做到足够好就行，然后学会悦纳不完美的选择。在做某个决定时，一般的选择或许会影响我们预期的满意度，而寻找完美的选择一定会导致不幸福和不满意。

在《无从选择》里，作者巴里·施瓦茨区分了最大化主义者和满意化主义者。最大化主义者指追求完美的人：完美的餐点，完美的穿着，完美的假期，完美的伴侣。他们在买衣服时讲究衣服的材质，反复比较价格和质量，并且尝试所有可能的搭配；他们在度假时，会搜索、研究旅游景点，一次次地审视自己的决定，却又总是无法最终敲定。他们会面对各种各样的问题：餐点不完美、假期不完美，以及他人不完美。于是，他们的选择再多、审视的时间再长，都无法满足其理想化的需求。最大化主义者的完美主义倾向不可避免地导致"要是……就好了"和"如果……就怎样"的结果，让他们陷入失望、挫败、后悔以及最终的不幸福。

相比之下，满意化主义者可以因为"足够好"而感到高兴。他们愿意接受生活并不完美的现实，因为完美根本就不存在，而且他们也不愿意付出不断精挑细选的惨重代价。尽管满意化主义者有时会为自己的某个选择而后悔，因为谁都有失误的时候，后悔是一种自然的反应，但他们总体上的态度是悦纳和感恩，而不是一味关注自己的缺失。

努力成为一个满意化主义者吧！从今天开始"最大化"自己获得幸福的可能性。

55

管理你的情绪

当我悦纳自己时，我才会有真正的改变。
——卡尔·罗杰斯

每当我们的情绪强烈地波动时，我们所有的选择似乎就只剩下了本能反应或拒绝接受。事实上，当我们感到情绪波动时，无论它多么强烈，我们依然有两种选择。第一种选择是拒绝或悦纳自己的情绪，也就是压制或承认情绪存在的事实。悦纳自己所有的情绪，是让自己全然体验它们。第二种选择是不假思索的反应，或者是先思考再根据环境做出最合适的反应。

积极悦纳指的是将这两种选择相结合：首先是悦纳自己的情绪，而不是拒绝它们；其次是做出最恰当的反应，而非不假思索的反应。

在写这本书的过程中，我也经历了一件事。有一次，我带着女儿雪莉去了一个禽类保护区，我太太塔米则带着我们的大儿子戴维参加一个朋友的生日宴会。那天我和女儿玩得很开心，回家后，我给塔米看了雪莉和鹦鹉、各种花卉的照片。7岁的戴维在我们翻看照片时一言不发、专注地坐在一旁看着我们。接着我走开了，准备把照片传到电脑里。这时我发现相机的存储卡空了，我意识到戴维删除了所有照片。我气坏了，准备大骂戴维一顿，但我忽然想到，自己每时每刻在情绪应对上都是有选择的，于是我压住怒火，轻声地对戴维说："我现在要先离开一会儿，因为你让我非常生气，如果我不离开，我就要大发雷霆了。"接着我回到自己的房间，直到我感觉怒气平复。

当我发现戴维的所作所为时，我无法改变自己的感受——我的确暴跳如雷，但我可以选择自己的行为。我可以发脾气（然后为此后悔），我也可以离开现场（并且在自己的思维状态恢复正常后再决定怎么办）。我冷静下来后告诉戴维，嫉妒是一种正常的心理反应，并且我们都会有这样的经历，但尽管嫉妒的情绪是可以被接受的，他的行为却是错误的。

作为一个父亲，我犯过很多错误，而且将来还会犯错，但在这件事上，我认为自己做的是对的。由于我以身作则，戴维也学到了重要的一课。

当你经历愤怒、仇恨或嫉妒等强烈的负面情绪时，你应该先给自己一些时间，让自己冷静下来，然后在你可以理性地思考时，再做出恰当的反应。

56

每天都是新的一天

每次过河时，你都在体验不同的水流。

——赫拉克利特

无论什么样的日常生活，都不可能是完全一样的。当我认识到生活中的每一刻都是独特且唯一的时候，我的生命变得更有意义了。孩子们可以为最平凡的事情感到兴奋，走路、看到一只小狗、触摸一件衣服、吃一口香甜的面包……那么，我们如何才能在日常生活中发现令人激动和富有吸引力的细节？我们如何才能像孩子那样感受生活？我们如何才能在每一次过河时体验不同的水流？

我的小儿子埃利亚夫3岁了。昨天，我们一起去了离家不远的社区游乐场。虽然那条路我们已经走过很多次，但昨天的感觉就像是第一次。

在路上，埃利亚夫喊道："小狗！爸爸，看，是一只小狗。"那只邻居家的狗，埃利亚夫经常看到，然而这个事实并未抑制他的热情。接着，他又看见了一辆汽车。"车子！"他喊道。我相信，当我的曾祖父首次在村里看见汽车时也是如此兴奋。之后，一架飞机飞过，要不是埃利亚夫告诉我，我都没有留意到飞机的声音，他表现得就好像他和莱特兄弟一样首次摆脱了地心引力。一路上，他又指出了十几种新发现，直到他看到好友奥马里为止。他们一个小时前刚在幼儿园分开，此刻他们又笑又抱，就好像他们已经几十年没见了一样。然后，他们迅速跑到滑梯那边，开始了他们美好的时刻。

我们无法像3岁孩子那样生活，无法像他们一样经常对这个世界产生新奇的感觉。如果我们也着迷于所看到的每只动物、每辆汽车或者每架飞机，那么我们就会消耗大量时间，疲惫不已。如果我们每次都以看见老友那样的心态，拥抱一个小时前刚见过的一个同事，那么这也会导致局面很尴尬。但是，如果我们像孩子那样看世界，我们就能将平凡的人生经历变成令人兴奋的旅程。

你能在日常生活中发掘新奇的、令人兴奋的地方吗？你从孩子看待生活的态度中又能学到什么？

57

正念

正念指在不尝试改变环境的情况下观察周围的一切。其重点在于，在不排斥情绪本身的情况下，化解我们对不安情绪的反应。

——塔拉·贝内特－戈尔曼

我们都会经历人生的暴风雨，那些生活中出现的艰难事件或非常时期。我们可以选择与之抗衡，也可以采用另一种方式，一种在经历痛苦情绪时，特别有用的方法——观察。

几千年来，东方人经常会进行心无挂碍的冥想。就像鱼可以从平静的深海看狂风暴雨，却不会被卷进去那样，我们也可以训练自己的思维，退一步观察内心的狂风暴雨。在大部分情况下，很多人都能像看电影那样带着同情心和好奇心观察自己的情绪。用精神病专家杰弗里·施瓦茨的话来说就是："在生命中的每一刻，你都在选择是否更有觉知。"

在一则非洲寓言里，一头河马在过河时失去了一只眼睛。接着，那头河马开始疯狂地寻找自己的眼睛。它看了看自己的后面、前面、两边、下面，但一直找不到。

河岸上的鸟和其他动物都建议河马先休息一下，但它拒绝了，它害怕再也找不到自己的眼睛。于是，它继续绝望地寻找，直到筋疲力尽，不得不休息。

就在它停下来时，河水也跟着平静了。这时，它搅起的泥土沉到了河底，河水也变得清澈、透明。然后，就在河床上，它看见了自己的眼睛。

通常，我们只有停下来、退一步，才能看清暴风雨的真实面貌。有时，与其总是尝试着做些什么，不如什么都不做，这样反而能够解决问题。

在何种情况下，你可以让泥土沉淀？在生活中，有没有什么是值得你留意观察的？

58

善待自己

你越对自己仁慈，越会对他人仁慈。

——韦恩·代尔

己所不欲，勿施于人，这样对谁都好，但事实并不总是这样。我们通常对自己比对他人更不宽容、更不大方。为什么会这样呢？我们不会在朋友表现得不完美或者孩子偶尔犯错时，就严厉地训斥他们，我们反而会尽可能地给予他们安慰和支持。事实上，我们完全能够以同样的慈悲心对待自己，因为只有在柔软、肥沃的土地上，种子才能真正茁壮成长。

丹尼尔·戈尔曼在他的著作《消极的个人情感》（*Destructive Emotions*）中，提到了东西方有关慈悲心这个主题的文化差异，仁慈其实适用于所有人，爱自己和爱他人是分不开的，它们就像一枚硬币的两面。但"爱自己"这个概念在西方世界并不普遍，有些人甚至会蔑视自己、厌恶自己。

　　同样，《圣经》教导爱人如己，也是以爱自己作为爱他人的标准和前提。然而，在全世界，很多文化都习惯于将爱自己看作负面、羞耻的事情。朋友们，是时候让我们重获好好爱自己这项权利了。

59

有张有弛

高效真正的敌人不是压力，而是缺乏纪律性以及间歇性的恢复。
——吉姆·洛尔、托尼·施瓦茨

我们在生活中会持续地经历精力的消耗和恢复。比如说，我们会在白天消耗精力，在睡眠时恢复精力；我们会在活动时消耗热量，在吃饭时补充热量。在情绪和精神的层面，我们也不断经历着这种放空与加满的循环。有些行为可以帮助我们为情绪电池和精神电池充电（比如听自己喜欢的音乐、和所爱的人一起，或者度假），有些行为则会耗尽我们的情绪与精力（比如压力/愤怒或长期缺乏休息）。

空与满的循环是一种自然的、不可避免的现象。然而，在现代社会，当科技让我们和这种自然循环逐渐疏远时，我们必须加以警惕，并在精力的消耗和恢复之间找到平衡。睡眠和饮食无论是过少还是过量，都会影响我们的身体功能；同样，情绪或精神状态失衡，也会影响我们的身心健康。

长期以来，一直有两派心理学家在争论"个性是否可以被改变"这个话题，其中一派学者相信个性是人类天生的，不可改变，另一派学者相信个性是可以被环境改变的。布赖恩·利特尔教授与他的研究团队一直在努力调和这两种看似对立的观点。

根据利特尔教授的说法，我们都有一种固有的"原生天性"。同时，因环境变化，我们偶尔也会出现违反天性的行为。比如说，一个内向的人站在众人面前时可以变得富有激情和活泼（和外向的人一样），而一个外向的人在考试前复习时也可以十分安静地坐在书桌前读书（和内向的人一样）。

尽管我们都有"逆天行事"的能力，利特尔教授却认为这些行为是有代价的。他指出，违反天性会超量消耗我们的精力，所以我们需要在"逆天"和"顺天"之间找到平衡点。比如说，一个内向的人在公开演讲后可能需要一段独处的时间，而一个外向的人在紧张的独自学习过后可能需要和很多朋友一起疯狂一下。利特尔教授称此为心理精力的恢复期。

这种恢复期是很关键的，当情绪精力不断被消耗时，它是一种重要的恢复机制。如果情绪精力得不到恢复，我们就很可能会从生理上补充心理的缺失：我们可能会暴饮暴食，或者对咖啡因、酒精上瘾。

想想看，哪些事情可以成为你的恢复机制？无论如何，记得加满油再上路！

60

想得远，做得近

我们生命中所做的每件事都会在永恒中回响。

——埃德温·哈勃·蔡平

每当我们在报纸或电视新闻里看见世间的种种苦难，都会感到很无助，似乎自己再怎么努力都无法改变现状。

这种无助感会影响每一个人。然而，蝴蝶效应（一只在世界一端挥动翅膀的蝴蝶能够引起一连串的事件，最终导致世界另一端的热带风暴）作为现代混沌理论中的一个概念，让我们知道一件看似无关紧要的事却可能产生巨大的影响。这帮助我在这种无助感中看到了一丝曙光。当我第一次听到蝴蝶效应这个概念时，便感到压力顿时消失了。我发现，只要做好自己该做的事，就可以带来许多有意义的改变。

以下两句古代犹太人格言为我们提供了两个核心理念，它们可以帮助我们应对因无助感而产生的压力。第一句是"救一个人就等于救了全世界"，第二句是"你不一定要完成所有工作，但你也不能因此停止工作"。这两句话说明：尽管我们能够影响的人很少，但是每个人及其所做的事都具有其重要性；无论我们的影响力多小，我们都必须尽自己的本分。

《心灵鸡汤》中的一个故事很好地说明了这种智慧。有个人在退潮时来到海滩，将被冲上岸的海星一个个扔回海里。这时出现了一个陌生人，问他为什么要这么做，因为海滩上有数以千计的海星。那个陌生人问道："你难道没有发现，你所做的改变是很渺小的吗?"

那个人看了看那个陌生人，弯下腰，又捡起了一只海星，并且将它扔回大海，说道："看到这只海星了吗，对它来说，我改变了它的命运。"

花一些时间，想一想哪些事对你来说是重要的。无论这些事的影响有多小，你都要行动起来，有行动就会有改变。

61

传递正能量

无论你去往何处，无论天气如何，记得带上阳光。

——安东尼·狄安格罗

我们在睡醒后，经常会断言"这不过是平常的一天"，而往往那一天真的就成了"平常的一天"。我们也会在某件事发生之前，就预测它一定不会是什么好事——无聊的、不愉快的、泄气的、烦人的，通常我们的预测真的会成为自我实现的预言。事实上，我们可以让生活变得更愉快、更有活力、更积极、更有趣，我们只需要选择以这样的态度面对环境。情绪是有感染力的，就像我们会被他人的情绪影响，他人也会被我们的情绪影响。如果我选择带着喜悦和兴奋进入一个房间，我的积极情绪就会散播开来并影响在场的所有人。尽管有时我也要允许自己经历各种痛苦的情绪，但在更多的情况下，把积极情绪传导给自己和他人，说不定会更好。

在一个平常的早晨，我一大早就起来赶往波士顿机场，准备搭乘 6 点飞往上海的航班。带我去机场的出租车司机一路上不停地抱怨：波士顿的城市基础设施项目施工是如何影响交通，政府有多么糟糕，以及他的邻居有多么不可理喻。我绝对赞成，有时人的确需要发泄和分享自己的情绪，但当时是凌晨 4 点半，我还处于半梦半醒的状态，却忍受了连续 30 分钟不停的负面情绪轰炸。更糟的是，我还得付他钱。

于是，我带着极差的情绪来到了机场，过了安检，心情越来越糟。而在接下来的 24 小时里，我就是以这种极差的情绪度过飞机上的时间和转机时间的。之后我遇到了她——一位 50 多岁的航空公司职员。她看了看我，朝我微笑——一个简单、纯真的微笑。我也对她笑了笑，然后她对我说："祝您拥有美好的一天。"

感谢她的祝福，我当时的情绪一下子就好转了，甚至在回想出租车上的经历时，我也一笑而过。忽然之间，我对这次行程以及与中国朋友的相聚又充满了期待。

这位朋友能够在大清早的工作中就面带微笑，或许真的很不容易。她那天早上也未必一帆风顺，然而她选择了微笑。她不但改变了我的一天，而且会改变许多人的一天。尽管我不知道她的名字，也记不清她的长相——除了那个让我永远无法忘却的微笑，我仍然要感谢她。

62

学会表达

抑制自己的想法、感受以及行为可能引发各种各样的疾病。

——詹姆斯·潘尼贝克

我们有时不敢敞开心扉表达自己的感受，害怕暴露自己的弱点。当然，敞开心扉的结果不一定是我们所想象的或是想要的，这么做也的确会冒受伤的风险。但是，封闭自我则是一个注定的败局，其后果包括亲密感的损失、人际关系的损失以及机会的损失。如果觉得敞开心扉的风险太大，那么我们可以从小事开始。比如说，我们可以先通过记日记敞开心扉，然后逐步与亲密的人沟通。当我们不再假装刀枪不入时，生命会变得更丰富、更轻松。

在医学界，身心之间的关联已经被认识到，比如安慰剂的效果、压力与肢体疼痛之间的关系等。根据纽约大学医学院教授约翰·萨诺医生的说法，背痛、腕管综合征以及其他一些疼痛的症状通常源于"一种企图阻止那些可怕的、反社会的、冷酷的、幼稚的、愤怒的以及自私的感觉出现的反应"。由于肢体疼痛在我们的文化中不如精神疾病那么让人羞于启齿，因此我们的潜意识会把注意力从心理问题转移到生理问题上。

萨诺医生的专业建议是，我们应该勇敢地表达自我而不是压抑自我，即承认自己的负面情绪，并且接受自己的焦虑、愤怒、恐惧、嫉妒或困惑。在许多案例中，将情绪表达出来不但可以使肢体症状消失，还能减轻负面情绪。

心理疗法之所以有用，是因为患者允许自己的所有情绪（痛苦的和快乐的）自然流动。同样，和好友交流，或者在日记中写下自己的感受，都能够帮助我们获得平静。

找到表达自己感受的通道。你可以通过写日记或者和朋友沟通敞开心扉，释放沉积已久的负面情绪。

63

创造未来

没有什么是命中注定的：过去遇到的障碍可能会引领你走向崭新开端的大门。

——拉尔夫·布卢姆

我们无法改变过去。我们也许经历过充满痛苦或伤害的童年，也许在一个充满慈爱和关怀的家庭中成长；我们经历的或许是吉星高照，又或许是厄运连连。我们无法改变历史，但我们可以绘制未来的人生地图。当然，过去的经历在某种程度上可以影响我们当下和未来的行为，然而过去的经历只是一种概率，并不是绝对的。换句话说，清晰的自我意识和努力相结合，我们完全可以创造自己想要的生活。无论是被过去的不幸支配，还是成为自己人生的主宰，其实都在于我们每时每刻的选择。

心理学教材里有一个常见案例，是一对在艰苦环境中长大的同卵双胞胎兄弟的故事，他们的父亲沉溺于酒精和毒品并时常虐待妻儿。这对双胞胎30多岁时，心理学家对他们分别进行了采访。

他们其中一个人成了靠救济金度日的瘾君子，他的妻子无法忍受他多年的虐待，离开了他。有一次，在他清醒的状态下，心理学家问他："你为什么这样对待自己和家人？"他回答："你又不是不知道我成长的那种环境，我还能怎么样？"

这位心理学家接着又采访了双胞胎中的另一个人，他是一位很成功的商人，拥有幸福的婚姻，并且是一位非常称职的父亲。心理学家问他是如何做到这一切的，他回答："你又不是不知道我成长的那种环境，我能重蹈覆辙吗？"

那对双胞胎的成长环境是相同的——同样暴力的环境、同样的基因，但他们的反应截然不同。前者屈服于自己过去经历的影响，走上了同样失败的人生路；后者却选择了另一条路，并且为自己创造了更美好的未来。

为了过上你想要的生活，你需要做出哪种选择呢？

64

坦率真诚

愤世嫉俗经常伪装成智慧，但它实际上离智慧最远。愤世嫉俗者其实什么也学不会。愤世嫉俗是一种强加给自己的蒙蔽物，一种会因为害怕受伤和失望而排斥一切的心态。

——斯蒂芬·科尔伯特

愤世嫉俗是我们用来保护自己不受伤害的防卫机制。事实上，愤世嫉俗只能对我们造成更多的伤害，它会让我们付出很大的代价，因为它在我们和他人之间形成了一堵隐形的高墙。

做一个坦率而真诚的人需要极大的勇气，我们卸下自己的防卫铠甲后，就会变得更容易受伤。但冒这种风险是值得的，因为我们将拥有更多建立亲密关系和获得幸福的空间。愤世嫉俗会把美好化为乌有，真诚则会使平凡变得美好。

古希腊哲学家亚里士多德说过，小说比历史更重要，因为历史仅仅记述事实，小说则显示了这个世界本应成为的样子。伟大的文艺复兴通过为人类描绘积极的愿景，为崭新和更美好的世界做了铺垫；那些充满想象力的伟大艺术家，例如贝多芬和乔治·艾略特，也为我们展示了人类崇高的精神力量。

电影是当代最重要、最流行的艺术形式，并且为我们描绘人际关系中的种种可能性：《西雅图夜未眠》和《卡萨布兰卡》里单纯的爱情，《小天使》和《浮生若梦》里的积极性，以及《让爱传出去》和《死亡诗社》里坚定的理想。有些人认为这些电影是不真实的、幼稚的，但更多人对它们喜爱有加。为什么？因为每个人心里都有对这些电影所呈现的美好世界和亲密关系的渴望。在那些看似精明老练、愤世嫉俗的面具之下，其实是一颗颗渴望真诚、希望以及亲密感的心。

为什么不卸下你的防卫铠甲，活得更开放一些呢？为什么不放下愤世嫉俗的心态，活得更真诚一些呢？如果你需要鼓励或指引，就邀请一些朋友，一起看一部好电影，畅想一下你想要的生活。

65

放慢脚步

生命已经很短暂了，别再"赶"时间。

——梭罗

当人们以自己的价值观选择妥协，即不假思索地犯下不道德的错误，或者因为外界压力而放弃在职场中实现自我时，我们通常会认为这是因为他们性格上的缺陷。然而，有时候原因其实并没有那么可怕，只是他们没有给自己足够的时间。快速行动自然有其好处，有时甚至是必需的，但现代社会的人们已经把生活的步伐加快到一种影响健康的状态，并且忘记了放慢脚步有时比飞奔更好。当我们没有时间思考自己的行为或权衡自己的选择时，我们就只能对当下的信息做出反应。结果，我们经常发现，自己的行为所反映的原来是来自外界的压力，而不是自我的核心价值观。

有一个方法可以有效帮助我们提升依照自己核心价值观行动的

可能性，它也是让我们过上自己真正想过的生活的关键因素，那就是放慢自己的脚步，思考自己到底在做什么，以及所有行为的含义。

约翰·达利和丹尼尔·巴特森是普林斯顿大学的心理学家，他们设计了一个类似于《圣经》中好撒玛利亚人比喻的实验。达利和巴特森在实验中随机将受试者（普林斯顿大学神学院学生）分成两组：第一组学生需要准备一篇有关好撒玛利亚人比喻的讲章，第二组学生需要准备一篇其他《圣经》内容的讲章。所有学生在同一栋楼得到指示后，被要求步行去另一栋楼，为那里的听众布道。

在他们出发前，其中一半的人被告知："听众们可能还需要几分钟才能到齐，但你们可以出发了。"另一半的人则被告知："你们迟到了。听众们几分钟前就到齐了……你们得抓紧了。"在路上，每一名学生都遇见了一个蹲在地上、看起来很痛苦、假装生病的人。学生们并不知道那个人其实是实验人员请来的演员。

结果，在那些被告知自己时间充裕的学生当中，有 2/3 的人帮助了那名演员，而在那些被告知自己时间紧迫的学生当中，只有 1/10 的人帮助了那名演员。影响实验结果的并不是他们的布道内容是不是好撒玛利亚人，也不在于他们有多虔诚（一个研究者另外统计的数据）。当学生们后来被告知事实真相时，他们都被自己的行为吓到了，因为这与他们的核心信仰不符。事实上，正是他们所感到的压力（源于他们认为自己的时间不够，以及他们认为自己承担的义务）影响了他们的行为。

虽然这是一个快速发展的时代，但你仍然可以抽出时间思考，让自己做出更明智的选择——与自己的核心信念相符的选择。

66

走出舒适区

挑战自己或许会使我们暂时失去立足点，不挑战则会使我们迷失自我。

——索伦·克尔恺郭尔

走出舒适区其实就意味着不舒适。冲在前线、冒着失败的风险并不容易；失败当然不是一件快乐的事，更多地冒险也就意味着更多的失败。然而，为了避免失败而拒绝冒险，对于未来的成就和整体的幸福感，损失其实更大。当你挑战自己时，确实容易失败，而且或多或少也会付出一些代价，但若不挑战自己，代价其实更大。

强生公司首席执行官詹姆斯·伯克在他的职业生涯初期，就从该企业传奇性的上一届董事长强生将军那里认识到了冒险的重要性。

伯克进入强生公司后，推广了多种儿童非处方药，结果所有产品都遭遇了滑铁卢。有一天，强生将军把他叫到自己的办公室，伯克当时以为自己要被开除了。然而，他走进去后，强生将军却主动和他握手，并且告诉他："我其实是想恭喜你。经营其实就是决策，当然，如果你从不决策，那么你永远不会失败。对我而言，最难的工作就是鼓励下属做决策。如果你再犯同样的错误，我一定会开除你。但我相信，你日后会做出更多更好的决策，你也会认识到失败是成功之母。"

强生将军鼓励他的下属跳出自己熟悉的、确定的环境，勇于冒险。伯克在成为首席执行官后一直秉持这一理念："如果不冒险，我们就无法成长。任何成功的企业都经历过无数次失败。"伯克后来被《财富》杂志选为史上最佳首席执行官之一。他在职业生涯初期就认识到，唯有冒险，走出舒适区、勇敢面对挑战，才有成功的可能。

你敢离开自己的舒适区吗？是恐惧让你止步不前吗？勇敢地挑战自己吧。

67

改变自我认知

自我认知即命运。

——纳撒尼尔·布兰登

我们的头脑里都有与自己有关的现实和理想的形象，这种自我认知可以产生积极的作用，也可能伤害我们。通常，自我认知可能体现在我们对自己性格特征的认知，也包括某些我们必须做的或不能做的事。打个比方，我的自我认知可能包含"我是一个聪明的人""我是一个有魅力的人""我是一个有同理心的人"。它们也有可能导致自我设限："我不配做一个幸福的人""我必须变得完美""我没有任何数学天分""我是个没有价值的人"。无论自我认知是正面的还是负面的，它们的来源都有可能是我们在儿时从重要的长辈那里听到的信息，或是源于自己的某段经历，甚至来自一种深刻的文化。

我们的自我认知会影响我们对自己和世界的看法，会影响我们的行为，以及我们如何体验生命。然而，尽管自我认知对我们所做的一切事情都有重大影响，但它是可以被改变的。我们可以接收有益的信息，以替代陈旧的自我认知。我们需要将思维和行为相结合，坚持重复一些积极信息，并让自己的行为与其相符，这样就能改变我们的自我认知。

我认为最有用的自助练习是阅读性格列表，对我而言，这种方法可以帮助我建立正确的自我认知。

我之所以发明这个练习，是因为我的内心经常会出现形成自我认知的声音，其中负面的噪声并不能给我提供支持和帮助。比如，当"我做得还不够好"和"我不能犯错"相结合时，就形成了追求完美主义的问题。而当我察觉到此类信息导致的结果竟然源于自己时，我就决定以更有用的信息替代它们，比如"我只是个普通人，我不必事事做到完美"以及"我喜欢玩并且很有趣"。这些信息对他人不一定适用，对我而言却具有深刻的意义。

于是，我制作了一张列表，上面有 8 个我已确认的性格特征，可以帮助我迈向更好的生活。每天清晨，我都会看一遍列表，在每个性格特征上花大约 30 秒思考它对我的意义，想象并感受理想中的自己。

负面信息并不总是会立刻消失，但随着我们坚持接收积极信息，它们会被逐渐瓦解，不再对我们造成不良影响。

不要屈服于你固有的自我认知，主动掌握自己的命运吧。

68

做出承诺

决心可以打开想象力和愿景之门，给予我们正确的工具将梦想变成现实。

——詹姆斯·沃麦克

人生就是一段旅程，每个人都背负着行囊不断前进。然而，我们迟早会遇到一堵阻挡自己前往目的地的高墙。这时应该怎么办？我们可以选择掉头往回走，避开眼前这个障碍所带来的挑战；我们也可以将背包丢到高墙的另一边，促使自己找到越过去的方法——无论是打个洞穿过去、另辟蹊径绕过去还是从墙上翻过去。告诉大家自己将会到达某个目的地，对此立誓，都象征着将自己的背包丢到高墙的另一边。

无论是通过言语还是通过行为，我们的承诺都将决定自己的未来。充满勇气和激励性的口头承诺并不一定能保证达成目标，但是它们可以增加成功的可能性。话语创造了世界，勇敢的行动则能够帮助我们突破障碍。

1962 年 9 月 12 日，肯尼迪总统通过在莱斯大学的演讲向世界宣布，美国将在 10 年内实现人类的首次登月。当时，这样的远航其实障碍重重——科技水平尚未达到要求，但肯尼迪做出了承诺，将美国的背包丢到了高墙的另一边。

肯尼迪是一个明白话语的创新性和力量的人，他当时预言，这个充满了抱负的目标将"展示美国最强的精神和技术水平"。他是正确的。在接下来的 7 年里，美国国家航空航天局内部的执行力达到了最高点，科学家和工程师都全力以赴地实现肯尼迪的承诺。

1969 年 7 月 20 日，尼尔·阿姆斯特朗为人类迈出了一大步。尽管肯尼迪的话语本身并不足以完成将人类送上月球的伟大使命，但他的话语产生了长远的效果，数以千计有决心、有毅力的工作人员受到了鼓舞及激励，完成了几年前还看似不可能的任务。

把你的背包丢到高墙的另一边吧，为一个重要的人生目标下定决心，然后在实现它的道路上迈出一大步。

69

唱吧，跳吧，倾听吧

如果永远有音乐相伴，我就没有其他需求了。音乐能够将力量注入我的四肢，将想法注入我的大脑。当我被音乐充满时，生活似乎也变得更轻松了。

——乔治·艾略特

根据心理学家马斯洛所说的，舞步、节奏和旋律是"发掘自我的良好途径"。换句话说，舞步和旋律可以带领我们认识最真实的自己，进入一个我们可以全然做自己的空间。在那个空间里，没有虚伪，也没有面具，那个空间充满了亮光、单纯以及一种真实的存在感。

人类对音乐的热爱是普遍的。很多人都曾被美妙的音乐和精彩的舞蹈感动得落泪，并且感到焕然一新、精力充沛。我们需要停下狂奔的脚步，用心倾听，感受音乐的美好，让自己的身心一起"闻歌起舞"。

想象一下自己聆听著名歌星演唱的场景；想象一下你伴着名曲翩翩起舞的样子；想象一下你和自己最喜欢的歌星一同歌唱的感觉。对100年前的人来说，这些的确只是梦想，然而对今天的我们来说，这一切都有可能实现。

今天，我们可以躺在床上，随时聆听全球最棒的音乐家演奏巴赫的《勃兰登堡协奏曲》，或是在去加州的路上，让"海滩男孩"加入自己的行程。我们可以随时邀请德沃夏克来激励自己，或让席琳·迪翁帮助自己回忆"泰坦尼克"号上动人的爱情故事。音乐世界就在我们的手指下。

生活在一个可以轻而易举地听到美妙音乐的世界，是多么大的一项福利。千万别浪费了现代化的优势！当你需要恢复精力的时候，为什么不抽出5分钟，戴上耳机，聆听自己最喜欢的歌曲呢？为什么不尝试一下，将你的汽车或浴室改造成"悉尼歌剧院"呢？和家人或朋友一起沉浸在音乐中，欢度今宵吧。

70

困难就是挑战

悲观主义者看到的是机遇中的挑战，乐观主义者看到的则是挑战中的机遇。

——丘吉尔

我的话语不但可以描述现实，还能创造现实。我如果认为一件事具有威胁性，就很可能感受到压力。我如果将同样的事件认定为一种挑战，我的情绪反应就更可能是兴奋。同样的外界事件，基于我的不同解释，可以带来截然不同的经历。例如，即将到来的讲座是具有威胁性的事件，还是一个我愿意拥抱的挑战？对于我和爱人目前的冷战，我的解释是什么？现实是主观性（我的思维）和客观性（外界环境）相结合的结果，同时，我也是自己的经历和人生的共同创造者。

乔·托马克和詹姆斯·拉什科维奇经过研究指出，我们可以通过对环境的评估影响生理和心理反应。在一次研究中，他们给两组学生做了同样的测试。第一组被告知测试是"高难度心算测试"，并且要高效地完成。因此，他们认为测试是"一种威胁"。第二组被告知测试是"心算测试"，是具有挑战性的测试，而且要求他们尽力发挥。和第一组不同的是，第二组认为测试是"一种挑战"。那些将测试视为挑战的学生（第二组）更平静、更具创新性，并且分数高于将同样的测试视为威胁的第一组学生。

在另一项研究中，心理学家记录了人们对于现实理解的生理反应。他们发现，仅仅一字之差就能够产生巨大的差别，包括心率、血压以及其他和压力相关的指标。无论我们对环境的理解是挑战 vs 威胁、机遇 vs 威胁还是荣幸 vs 威胁，都会极大地影响我们在该环境中的整体经历。

你可以将自己的演讲看作潜在的失败，也可以将其看作分享知识的机会；你可以将自己和爱人的冲突看作对亲密关系的伤害，也可以将其看作深入了解对方、加强亲密感的机会；你可以将老板召开的会议看作正在逼近的威胁，也可以将其看作充满机遇的挑战。别忘了，你的人生你做主。

71

美丽的敌人

和我们搏斗的人使我们变得更勇敢，并且能加强我们的能力。
我们的对手其实是来帮助我们的。

——埃德蒙·伯克

爱默生在散文《友谊》里写道，他并不希望从朋友身上看到
"无力的认同"和"不值一文的和谐"，换句话说，就是他不希望
他的朋友认同他的所有观点。相反，他要找的是一个"美丽的敌
人"，一个挑战他、反抗他但同时会加强和提升他的人。只想让
你感到"美丽"、支持你且从不反对你的人是无法帮助你进步和
成长的，而只会对你表示异议却从不关心和支持你的人则是残
酷的敌人。真正的朋友必须是一个既关心我又愿意真实面对我
的人。

"美丽的敌人"这个概念不仅可以应用在与朋友或伴侣的亲

密关系中，也可以应用在所有人际关系中。在帮助他人时，我们不仅要具有同理心和敏感度，而且需要具备真实和坦率的勇气。

在《塔木德》里有一个关于雷施·拉基实的故事。他是一个劫匪，打劫了一个叫约翰的拉比，约翰在这期间发现了拉基实的诸多优点（他的力量、坚忍以及勇气），这些好品质完全可以应用于多行善举。后来他归劝拉基实改邪归正，拉基实也成了约翰拉比的学生及日后的学习伙伴。

这两人互为"美丽的敌人"，他们彼此挑战，并且将对方推至更高的境界。通过共同努力，他们成了当代最卓越的学者。雷施·拉基实去世后，约翰找了一个新的学习伙伴、一个他本以为卓越的学者，但他发现对方只是个习惯于随声附和的人。因此，约翰一直未能从失去好友的打击中走出来，他极其怀念拉基实对他的挑战、持续不断的提问，以及在真理的探索中绝不妥协的态度。

我们与"美丽的敌人"之间的亲密关系在于彼此的转变。这样的友谊不仅限于知识的分享，还能够实现对方的转变——他们会激进地改变我们对世界和自己的认知。

成为他人"美丽的敌人"，并且鼓励他人成为你的"美丽的敌人"。通过培养真正的友谊，你们可以帮助彼此学习、成长，拥抱生活中的转变。

72

勇气

勇气不仅仅是一种美德，它也是所有美德在遇到考验时的体现。

——C.S. 路易斯

每当我想起自己敬佩的英雄人物及其事迹时，我就会由衷地赞叹。例如，丘吉尔在肩负着世界自由的重担时那种不灭的乐观心态，颠覆了传统商业模式的阿妮塔·罗迪克的精神和魅力，玛利亚·蒙台梭利在教育改革方面的眼光和才华。有时候，我会因为不知道下一句话要写什么，或者不确定下一次讲座的主题而感到不安，这时我总是提醒自己，我所敬佩的英雄们有时也会感到害怕，但他们不会让恐惧阻止自己前行。

勇气不是指没有恐惧，勇气是指在感到恐惧时依然勇往直前。

康奈尔大学心理学家达里尔·贝姆提出的自我认知理论表明，就好像我们会对他人下结论那样，我们也会对自己下结论。打个比方，如果我看见一个人帮陌生人开门，我就会认为他是一个有礼貌的人；如果我看见一个人大声斥责陌生人，我就会认为他是一个很难相处的人。同样，我对自己所下的结论有一部分也来自我对自己的行为的观察。

这个认知过程对勇气也适用。当我看见人们在冒险前进、应对困难或克服恐惧时，我就会推断他们是自信而勇敢的人。如果我自己也这样做，我就会坚信自己也是自信而勇敢的人。

我不需要在感受到勇气时，才能做勇敢的事，相反，当我勇敢地采取行动时，我才会变得更有勇气。恐惧是人类的自然感觉，除了死人和精神病患者，没有人是完全不会恐惧的。但是，一些人会屈服于自己的恐惧、停止努力，另一些人却会拥抱恐惧，并且勇往直前。

你能否拥抱自己的恐惧，并且勇往直前？你在哪些领域能够变得更勇敢一些？

73

友善

友善一点儿，每个人的生活都不容易。

——约翰·华生

我们对待他人的方式与我们对自己的感觉紧密相连：我们越尊重他人，就会越尊重自己；我们越是尊重自己，就会越发尊重他人。友善的最大好处在于它的感染力，当我们尊重他人时，对方就更可能以相同的态度对待我，继而影响我的反应，以此类推。我们对待他人的行为会引发涟漪效应，影响他们以及他们所遇见的人。那么，你是选择传播使人感到舒服的友善的涟漪，还是令人感到恐惧的怒潮？

几千年来，伟大的领导力总会和粗犷的将领、强硬的商界领袖、残忍的政客画上等号。我们的潜意识也总是离不开这种模式，毕竟，在这个弱肉强食的世界，若要在危险的海域生存，就必须成为最厉害的鲨鱼。

尽管有许多案例符合这种模式，但也有许多成功的领袖以其友善和仁慈的风格取得了极大的成就。

赫伯·克勒赫执掌美国西南航空公司长达30多年，并将其打造为航空史上成功、备受瞩目的航空公司之一。他是如何做到的？答案是，他在业务上的专业性及非常友善的处世态度。当然，作为公司首席执行官，克勒赫也需要做出很多艰难和不愉快的决策——友善绝对不是能力的替代品，但他尊重别人。他的幽默、慷慨以及友善在公司里形成的涟漪效应，不但积极地影响了他的员工，而且积极地影响了他的客户。

20世纪的管理大师彼得·德鲁克曾说，礼貌是企业的润滑剂。礼貌可以让企业中的人际关系变得更和谐。如果克勒赫可以通过友善和慷慨，在竞争非常激烈的行业执掌一家非常成功的企业，那么我们在日常的交流中也一定可以做到。

当你和客户、朋友或家人沟通时，别忘了对他们友善一些。

74

轻松愉快

将游戏的心态融入生活，或许是完整的人生最重要的因素了。

——斯图尔特·布朗

我们小时候经常玩耍，可是长大后，我们往往不再去做那些好玩的事。事实上，在任何年龄段，游戏都能帮助我们增进身心健康，增强我们的复原力、免疫力、创新性，并且能改善我们的人际关系。

我们不需要将游戏的心态限制于周末的休闲活动或业余爱好，我们可以选择将游戏的精神带进和家人的晚餐、和朋友出游、学习新技能，或者和同事开会。在生活中寻找乐趣真的很重要！无论我们的目标有多重要，如果我们带着一张阴沉沉的脸和阴郁的心情度过此生，没有乐趣，那么我们迟早会掉入虚无主义的深渊。游戏就像我们的燃料，它能为我们提供精力和动力。

美国国家玩耍研究院创始人斯图尔特·布朗完成他的著作后，请我写一篇书评。结果，我被他的原稿深深打动，并且发现游戏对人类的建立和成长起到了关键作用。

我读完他的书稿后，致电给朋友雪莉·尤瓦尔－亚伊尔，并且告诉她我认为我儿子戴维的游戏时间还不够。她在电话那边安静了几秒，然后说："那你呢？"她的话给我的震撼不小。她说的一点儿没错，我自己的游戏时间其实也远远不够。

由于缺乏游戏的时间，不但我付出了巨大的代价，戴维也遭受了池鱼之殃，因为孩子们倾向于模仿家长的行为，而不是一味听从我们的命令。之前，游戏向来都不是我所注重的，在我看来，我们有那么多目标、任务、追求和野心，谁还能抽出时间做游戏？但布朗的书加上雪莉的问题，帮助我扭转了自己的优先次序。尽管我仍然非常努力地工作，却开始在生活中加入许多游戏，例如在我家后院踢球、出去散步、看更多的电影、听更多的歌、经常邀请朋友来家里聚会，以及首次读完了一本对工作没有直接帮助的书。现在，连我的孩子们的游戏时间都更多了。

我们经常会谈论游戏时间的重要性，我们也会努力地将自己的生产力和利益最大化。但我们往往会忘记，无论自己的年纪多大，我们都依然需要游戏。就像布朗所说的："我们天生都爱游戏，并且在游戏中成长。"

你的游戏时间足够吗？将游戏和游戏的精神带进你的工作、亲密关系以及生活吧。

75

理性

我们总是喜欢关注出了问题的部分，然后百思不得其解，为什么最深切的问题似乎永远也解决不了。

——彼得·圣吉

理性指的是扩展自己的眼界，看到当下的环境之外和未来的境界。在确定合适的行为时，我们的思维应该超越当下的环境，考虑自己的行为产生的影响；在决策时，我们的眼界应该超越当下的时刻，并且整合过去的经历和未来的规划。换句话说，也就是将"别处与未来"和"这里与当下"相结合。

当我可以主动转换自己的观点，并且正确选择何时沉浸于当下、何时退一步反思、何时适应当下的环境，以及何时奋发图强的时候，我就能够更全然地体验生活。

想象一下以下场景：深夜，你正在回家的路上，这时，你听见临近的街上传来一声惨叫，你跑过去，看见一个大汉正在殴打一个瘦小的路人。路人痛苦地惨叫着，当他看见你时，向你发出了求助的呼喊。这时，你鼓起勇气，打倒了大汉，救起路人，他谢过你后离开了现场。在你等候警察来逮捕那个大汉时，你的感觉好极了，因为你伸张了正义，惩罚了坏人。

然而，警察到场后，你发现那个瘦小的路人原来是小偷，而那个被你交给警察的大汉则是小偷在银行作案时将他逮个正着的好人。几年后，警察逮到了那个小偷，但他在这几年里又干了很多坏事。

我们的情绪总是会对眼前最明显的信息做出反应，而这也是情绪有时具有误导性的原因，特别是当这些信息引起我们的情感共鸣时，它们所产生的影响远远超过那些更重要但不一定特别显著的信息。我们的理性思维可以帮助我们克服情绪上的狭隘，使我们的视角得以超越我们对事件的自然反应，并且让我们在决策前更全面地思考。

信息是有误导性的，而且我们没有时间仔细核查每条信息。然而，我们往往会在一切信息都摆在眼前的情况下，依然无意识地犯下类似的错误。

如果可能，你应该先退一步，给自己一个超越当下的机会——理性地评估环境，再采取最恰当的行动。

76

谱写自己的人生

我们可以在群居时按照社会的标准生活，我们可以在独居时按照自己的标准生活，但伟人可以在融入群体时依然保持自己完整的独立性。

——爱默生

我有两个部分——公开的部分和私人的部分，前者会听从他人的声音，后者会听从自己内心的声音。他人的意见很重要，可以帮助我解决问题，给我有益的建议，还帮助我确定自己应该做什么——无论是下一刻还是在未来的人生中。然而，这些声音和意见也有可能阻止我找到自己真正的使命。识别自己的使命绝不是一件容易的事。我如果想成为谱写自己人生的作者，就必须通过写作、演说以及具体行动表达内心真实的声音。

我是否有勇气离开安全岛，开辟一条无人走过的道路？

有一天，在回家的路上，卢马·穆夫利赫走错了路，到了克拉克斯顿——佐治亚州亚特兰大市外的一个小镇。在街上，孩子们以踢树枝和踢石头为乐，因为那里物资匮乏。这是一种卢马从日本移民美国后从未见过的贫困状态。后来她查阅资料，发现克拉克斯顿曾经是一个难民营，大部分居民来自苏丹、索马里、埃塞俄比亚、阿富汗以及波斯尼亚等遭受战火蹂躏的国家。几天后，她又回到那里，并且给街上玩耍的孩子们买了一个足球。

　　但这对卢马来说还不够，她决定为那些孩子的命运带来真正的改变。于是，作为一名曾经的足球运动员，她开始教他们踢足球。当他们有学业上的问题时，她也会在学业上帮助他们，因为这些孩子完全没有其他人可以求助，他们的父母当中有许多人连英语都不会。2006年，卢马成立了一个叫"难民之家"的组织，在这里，那些经历了战火的孩子都有机会开始崭新的人生。

　　卢马的这趟旅程是从走错路开始的，她先是离开了许多人走过的"安全的路"，而她在走错路后也做了一个选择，这个选择成为帮助他人改善生活的铺垫。

　　所以，倾听你内心的声音吧，听听它在说什么。

77

关注积极

对不同的人来说，同样的世界可以是地狱，也可以是天堂。
——爱默生

好事和坏事会发生在任何一个人的身上，然而最终决定幸福感的因素是自己选择关注什么。如果只关注消极信息而忽视积极信息的话，你就会打造一个充满负能量的环境；如果选择关注积极的一面，你的积极性就会越来越强，继而创造更美好的未来。尽管在最困难的环境中，我们依然能够找到一些让自己得以紧紧抓住的期望。当生活一帆风顺时，你不该认为一切都是理所当然的，而是应该为此感恩。

关注积极并不是让你脱离现实，忽视存在的问题和挑战。相反，关注积极意味着实事求是的态度，因为积极和消极确实都存在于我们的生命中。每时每刻，我都可以选择自己的关注点。

我之前有个学生叫莎伦，她告诉我下面这个故事时已经结婚10年了。她的婚姻生活前两年非常幸福，几乎可以说是一段极长的蜜月期，但之后开始走下坡路，她和丈夫频繁争吵，并且莎伦发现丈夫并不是自己想象中的"完美先生"。在接下来的几年里，他们的婚姻生活变得非常痛苦，并且双方都想到了离婚。

　　这时，莎伦想起了大学时期我讲过的一堂课，以及我当时介绍学生们去看的一本书——约翰·戈特曼的《幸福婚姻》。她后来又读了这本书，并且想起了戈特曼所说的，当一个人关注配偶的消极行为时，他其实是在放大它们，促使那些消极行为更频繁地出现。事实上，关注消极信息本身是问题的一部分，而不是解决方法。

　　于是她决定改变自己的关注点，并且主动关注积极的一面。结果让她大吃一惊，她不但重新发现了丈夫身上的优点——那些起初让她爱上他的特点，还从丈夫身上挖掘出更多积极的行为。今天，10年过去了，莎伦与丈夫之间仍然有高山低谷，但他们的关系比之前更亲密、更和谐。

　　主动创造幸福的亲密关系以及幸福人生的根基吧。通过关注积极信息，展现出自己和他人最好的一面。

78

以身作则

你必须实现自己想在世上看到的变化。

——甘地

  想要带来改变，想要为世界和我们所关心的人带来积极的改变，是一种根深蒂固的渴望。但我们若要改变他人，就要先去改变自己。我们如果想拥有一个更幸福的家庭，就要先提升自己的幸福感；我们如果想打造一个更注重道德的工作环境，就要以身作则；我们如果希望学生们的积极性更高，就要先成为有激情的老师。为了产生持续的影响力，作为教师、管理者、政治家或父母，我们需要"先正己，再正人"，首先在自身上培养我们希望在他人身上看到的品质。

  甘地在 20 世纪 40 年代已经是众人心目中伟大的精神导师。有一天，一位女士带着孩子远道而来，当她见到甘地时，她告诉甘地自己因孩子吃太多的糖而感到担忧。

甘地点了点头，然后请她一个月后再带孩子来见他。一个月后，这位女士和她的孩子又来了。她仍然抱怨自己的孩子吃太多的糖，甘地对那个孩子说："别再吃那么多糖了！"

那位女士很有礼貌地问甘地，为什么他要等一个月后才告诉她的孩子一个月前就可以说的话。甘地回答："因为一个月前我自己也有吃太多糖的问题。"无论这是真实发生过的，还是一个编造的故事，它都传达出甘地的人生哲学以及他的生活原则。

你希望看见的改变是什么？你需要做什么才能达到抛砖引玉的效果？

79

深度了解

亲密感是指让自己真正被对方了解，甚至包括那些自己或伴侣不喜欢的方面。

——戴维·史奈奇

我们知道，与好友、家人或恋人培养健康的亲密关系的最好方法就是彼此认可。尽管被认可有时候确实很重要，而且能让双方感觉良好，但真正通往深度亲密感的路是自我表露。当我敞开心扉，分享自己最深的渴望、恐惧以及梦想时，确实存在被伤害的风险，但同时，我也制造了亲密关系成长的机会。亲密关系中的关注力只有从渴望被认可转向渴望被了解时，才能打造出有意义的深度联结。

过来人都知道，我们在爱情初期那种强烈的性欲会随着时间逐渐减弱。就算我们的伴侣是自己的梦中情人，初期生理上的吸引力也会在蜜月期结束时减弱。即使没有心理学家的教导，我们也知道新奇性可以激起自己的性欲。许多人也会用这个特性解释自己的出轨行为，甚至为自己辩护——天性会促使我们寻求多样化，所以和同一个伴侣日复一日、年复一年地相处，的确会减弱我们的热情。

但性治疗师戴维·史奈奇对此不敢苟同。通过多年的临床工作和研究，他证明了"脂肪和性潜力是高度相关的"。换句话说，50岁时的性生活可以比25岁时更棒，一起生活了20年的爱人的性生活可以比才度了20天蜜月的新人的性生活更棒。史奈奇相信新奇感更能产生生理上的刺激，但他指出生理因素只是整个亲密关系方程式的一部分，他还指出亲密感比新奇感重要得多。

那么我们如何培养亲密感？答案是敞开心扉，分享自己的恐惧和期望、幻想和梦想、弱点和优势……这样的分享不但是向伴侣，也是向自己表露真实的自我。同时，我们还能更好地了解对方，培养更强的亲密感，并且享受更深刻、更有意义、充满热情的亲密关系。

当你和爱人交流时，想想看，你如何才能更好地让对方了解你。敞开心扉，增强你们之间的亲密感吧。

80

熟视有睹

探索之旅不在于发现新大陆，而在于发现新视角。

——马塞尔·普鲁斯特

每当我将自己困在刻板的思维里，把世界看作一个静态的物体，或者认为其一成不变的时候，生活就会变得很枯燥。但世界不是静态的，生活也不是一成不变的。我怎样才能反复体验奇妙与新鲜的感觉，就像孩子首次踏上青草地或首次见到鸟儿时那样？答案是，我可以通过发现新事物，体验每时每刻的奇妙和新鲜。无论是发现一个物品的新用途，在一张熟悉的面孔上发现一个不一样的表情，从不同的角度看同一个政治问题，还是在一首老歌中发现更多独特的细节。

我们通常会马不停蹄地工作，并且漫不经心地对待生活。这种心态除了会使我们的生活变得枯燥，还会损害我们的身心健康。就像心理学家埃伦·兰格所证实的，其实只要少许努力，我们就可以从这种状态中走出来，并且重拾自己的关注力。

想想看，你在所处的环境中有什么新发现是先前未曾留意的吗？你在伴侣或孩子身上有什么新发现吗？你可以从眼下的任何事物中发现新用途吗？养成习惯，经常问自己类似的问题，然后花一些时间思考，有没有什么有趣、刺激或好玩的答案，能够引起你的注意。

埃伦·兰格多年来的研究工作证明，只要拥有一两个这样充满了活力、注意力的时刻，随时随地"汲取新奇的特点"，就能改善我们的身心健康。通过一些真正有觉知力的时刻，我们还能增强免疫力、记忆力及创造力，让自己充满活力，幸福满满，更容易接纳自己和他人。此外，我们在工作中的表现和人际关系也会变得更好。所以，与其屈服于枯燥的生活，不如现在就向自己提问，并在千篇一律的生活中找到新奇之处。

81

体验幸福

我们想得太多，却感受得太少。

——卓别林

苏格拉底曾说："浑浑噩噩的生活不值得过。"亚里士多德则将人类描述为"理性动物"。他们都说对了，但他们对人类的认知还不完全。除了思考的能力，我们还有感受和体验的能力，然而我们经常忽视自己这方面的天性。现代社会中，科学和理性并存、科技占有卓越地位，我们会经常摒弃自己天性里感性的部分。尽管只有幻想和情绪化的人生是不完整的，但人生中如果只有无尽的评估以及被控制的情绪，其实也是不健康的。

当我将思维和感情相结合时——关注我所爱的人、美食、花香、当下每一刻以及每一天的生活，我才逐渐变得完整。我告诉自己，我也是一个"感性动物"。没有感情的生活是没有意义的。

芭芭拉·弗雷德里克森教授在一项研究里，让某企业的员工每天在工作中花 20 分钟练习爱的冥想，并且在练习时感受自己对好友、孩子、伴侣以及自己的爱。

冥想会带给人们即刻的积极感受，但冥想者的收获远远超出预期。在为期 7 周的研究里（有些人后来持续练习），受试者表示自己的焦虑和抑郁得到了缓解，喜悦和幸福感提升了，身心更健康，人际关系更融洽，并且找到了人生的使命感。

其中一个受试者说："我对自己和各种人际关系更自信了，也不再苛求完美。此外，我比之前更容易选择宽恕与原谅……我感受到了心灵的成长，内心更加平静，我的压力也小多了。我现在能够从不同的角度看待每个人，并且更容易产生同理心。"

弗雷德里克森的研究证明，冥想的益处源于真实、积极的体验："积极性本身就包含了'改变'这个主动的成分。"那些愿意花时间感受自己最喜欢的音乐、回想生活中所有值得感恩的事情、欣赏一件美丽的艺术品或者在森林中静坐的人，都获得了身心方面的益处。

投入更多的时间体验积极情绪吧。你只需花几分钟练习冥想（任何时刻，包括现在），也可以每天固定安排 20 分钟享受冥想带来的益处。

82

追逐梦想

如果一个人自信地朝着自己的梦想前进，并且努力按计划走好每一步，他一定会获得不凡的成就。

——梭罗

爱迪生说过："努力是没有替代品的。"如果缺乏毅力，你就永远爬不上高山，有意思的目标也永远完成不了。每当我想放弃时，我都会提醒自己，没有人会对不确定和不安免疫：所有达成伟大目标的人都经历过困难、经受过妥协的诱惑，但他们朝着目标坚定地走了下去。在路上，他们偶尔也会休息片刻，但那都是为了走得更远。

我也曾想停止努力、放弃自己的抱负，但我会提醒自己，实现梦想的唯一途径就是坚持、投入以及努力。

在《心理资本》一书中，作者弗雷德·路桑斯、卡洛琳·约瑟夫-摩根和布鲁斯·阿沃利奥讲了玛丽的故事，她在青少年时期失去了母亲，之后与有虐待倾向的父亲和刻薄的继母一起生活。在经历了一些法律纠纷以及很多养父母之后，她的命运似乎已经走向许多问题儿童的宿命。就在这时，她在学校的一个好友劝说她重新掌握自己命运的控制权。她听从了这个建议。

接着，玛丽开始将精力投入学习和体育训练，她在这两个方面都做得很好，并且在名牌大学拿到了奖学金。进入大学后，她努力学习，取得了很好的成绩。参加工作后，她依然不懈努力。她在当保姆时会主动做更多的家务；去银行实习时，她也会在自己的职责之外无条件地帮助别人。她的抢先意识和努力得到了回报——她后来在某家银行谋得了一份全职工作，并且在短短几年内就升至市场和零售部副总裁。玛丽经历了"一个重塑自我的重要时刻"，她没有向困难低头，也没有选择放弃，她选择了实现自己梦想的道路。

有奋斗才有成功，当挑战来临时，迈开你的步伐吧！

83

活出最好的自己

永远做最好的自己，而非别人的复制品。

——朱迪·嘉兰

每到人生的十字路口，你都可以选择坚持做最好的自己。例如，面对伴侣的批评应做何反应？你应该和上司说什么？你应该做一个大方的人还是小气的人？你应该在愤怒时爆发，还是温和地忍耐？在识别最好的自己的过程中，我们时常需要从外界的角度看待自己和环境，退一步冷静地做出判断。这并不容易，特别是在你情绪激动或外界压力增大的时候。此外，还可以通过榜样的力量，发掘最好的自己。想想看，当你最敬佩的人遇到你现在的情况时，他会怎么做？

雕塑家米开朗琪罗曾被问道，他是如何创造了世界上最伟大的作品《大卫》的。他的回答是，有一次，他在卡拉拉的采石场找到了一大块大理石，并且在那里看到了大卫。之后他需要做的就是去掉多余的大理石，然后大卫就这样出现了。

就像英俊的大卫（或者潜在的大卫）原本就存在于那块大理石里一样，我们每个人的内在，也有一个"大卫"，他或许因为过去的伤害而隐藏了起来，但无论如何，他都在那里，并且渴望被我们发现、展示给全世界。

即便没有米开朗琪罗的本领，我们也能发掘内在的美丽。我们可以努力识别，并且培育自己内在的潜力。而这个过程需要我们研究美好的过去，然后将其应用在当下和未来。

想想看，过去的美好都发生在什么时候？你在与他人相识的过程中，有哪几次的表现是最令你感到自豪的？曾经最好的你是什么样的？这些问题的答案可以为你提供一张蓝图，帮助你打造最理想的自己。

从现在开始，记得坚持做最好的自己！

84

发掘潜力

知人者智。

——老子

　　无论是老师、管理者还是父母，伟大的领导者都有知己知彼的能力——他们可以在每个人的身上看到他们的潜力。在和他人相遇、相识的过程中，我们可以主动预见对方的潜力。一些类似"对方最卓越、让我印象深刻的特质是什么"或"对方独特的才华和天赋是什么"的简单问题，就可以使我们看见他人内在的潜质。我们可以帮助别人释放那些他们一直拥有却被忽视的潜力。

　　一颗种子的成长需要水分和阳光。发掘别人身上的潜力，其实就是协助他们培育潜力的种子，为它们提供成长和绽放所需的养分。

　　20 世纪 60 年代，心理学家罗伯特·罗森塔尔和一所学校的校长勒诺·雅各布森在教育领域进行了一次开创性的研究。在研究中，他们让小学生做了一个标准的智商测验，然后将报告提交给他们的教师。然而他们故意误导了教师。首先，他们告诉教师，那并不是智商测验，而是一种可以识别哪些学生在下一年将会有高水平智商提升的测验，并且这样的智商提升对他们在学业上的表现也会有极大的帮助；其次，教师们得到的"高潜力"学生名单上的学生实际上都是随机选出来的。

一年后，那些被随机标示为"高潜力"的学生确实都在学业上有所进步。而且，他们在人格成长方面也有显著的提升。最令人惊讶的是，"高潜力"名单上的学生居然连智商都大幅度提升了。

这个研究在全世界已经被成功复制多次，其他领域也有成功复制的案例，比如说商界和军队。由此可见，他人的期望（无论是老师、父母、管理者还是军队上级）会很明显地影响他们的学生、员工以及下属。我们会在很大程度上得到他人所期望的结果，因为信念本身就是自我实现的预言。

你能否预见他人的潜力？你能否帮助他们释放潜能？

85

正直

谎言会夺取并毁灭一个人的尊严。

——伊曼努尔·康德

根据字典的解释，正直是"完全或一心一意的品质或状态"。正直就是言行一致的意思。正直会使他人尊重自己，更重要的是，它会决定我们是否尊重自己。当我信守承诺时，我其实是给自己和他人传达了一个重要的信息——我非常看重自己的想法、话语以及自己。话语是表达自我的方式，所以当我言出必行时，我也就尊重了自己。

心理学家达芙娜·伊伦和斯科特·阿利森的研究指出，世人对我们的评价很大程度上取决于我们一生的品行。那些正直的人在死后更是为人所怀念，相比之下，那些不正直的人，无论他们在生前有多么成功，在死后都臭名远扬。

例如，美国第 16 任总统亚伯拉罕·林肯最为人敬仰的特质就是他的正直。人们有时候会称他为"诚实的亚伯"，甚至在他的有生之年，大家都认为他有"近乎病态的诚实强迫症"。

在成为政治家之前，林肯原本是一名律师。在他曾经为之辩护的被告人中，有一个人在调查过程中被他发现是有罪的。林肯便对同事伦纳德·斯韦特说"斯韦特，这个人是有罪的，你为他辩护吧，我不干了"，他因此损失了一大笔酬劳。在另一次庭审中，林肯发现原告律师呈交的文件里有证明他的当事人有罪的证据，他极其厌恶地站了起来并离开了法庭。而当法官让他回来继续辩护时，林肯拒绝了，他的回答是："告诉法官我的手脏了，我需要洗干净。"

我不认为林肯在做这些事情时曾经考虑他死后的名誉，但林肯显然清楚不正直的代价，无论是有意识还是无意识的，这种代价也适用于所有人。林肯的行为让我们明白，在庭审中途离开的代价（尴尬、金钱、胜利的声望）比起不诚实，实在是微不足道。

86

谦逊

才华是来自上帝的。切记，要谦虚。

名望是来自他人的。切记，要感恩。

骄傲是来自自己的。切记，要小心。

——约翰·伍登

骄傲是一个人缺乏安全感和自信的表现，谦虚则是拥有高度自尊的标志。当一个人尊重自己时，才更容易成为谦虚的人，因为他不需要在别人面前抬高自己"修复"内在受伤的自我。当你尊重自己时，你便不需要炫耀自己的成就。谦虚并不是隐藏自己的才能和优势，谦虚可以让你和谐地融入环境、更加善解人意，并且认识自己的能力。

犹太教哈西德派的拉比西姆哈·布尼姆曾经说，每个人都应该随身携带两张纸，一张写着"世界是为我而造的"，另一张写着"我不过是尘土而已"。这两张纸能够帮助我们平衡自己的心态。当我们不快乐时,第一张纸可以提醒我们,自己是多么重要;当我们过于自负和感到所向披靡时,第二张纸可以提醒我们,自己是多么卑微以及最终的去处。

根据心理学家马斯洛所说的,这两个提示是我们在个人成长以及社会贡献这两个领域的必需品,因为过度自负及过度缺乏自信都会阻碍我们成长。如果骄傲自大,你就很容易大意失荆州,淹没在挫败和幻灭的感觉里。如果严重缺乏自信,你很可能因恐惧而止步不前。

马斯洛写道:"谦虚与自豪的结合是创新性的必需品……我们除了要认识内在神一般的可能性,还要接纳人类存在的各种局限。"

想象自己口袋里就有这两张纸,提醒自己,它们所传达的信息可以让你在谦虚和骄傲之间实现平衡。

87

断舍离

简化！简化！简化！听我的，把千百件事情减少到两三件。
与数到 100 万相比，你数到 6 就够了。

——梭罗

数量会影响质量。有一种现象叫作"太多的好东西"。尽管
每一件你所参与的事情都有让你变得更幸福的潜力，但如果你同
时拥有太多，仍然有可能导致不幸福。再好的事情，当它们多到
一定程度时，无论它们多么美好，带给我们的都不再是喜悦，而
是痛苦。

我们的世界越发复杂，压力也在不断上升。所以，有时候少
反而是一种收获：如果生活超载，如果太忙碌，那么，减少你的
事情，即简化生活，反而会使你变得更幸福，同时能提高你的创
新性和精力，最终让你变得更成功。

沃伦·本尼斯是麻省理工学院研究和教授领导力的教授，他曾为验证自己关于领导力的理念接受了辛辛那提大学校长一职。就任后，他的生活立刻忙碌起来，他承担的责任越来越大。尽管他很成功，但他几乎再也没有时间追求自己真正热爱的事物，比如教学、写作，特别是研究。

在他就任校长后第 7 年，本尼斯被哈佛大学邀请去演讲，其间一个老同事问他："你喜欢当校长吗？"这时，向来能言善辩的本尼斯居然说不出话来。经过了一番反思，他发现自己真正喜欢的其实不过是"校长"这个称谓而已。后来他辞去了校长一职，继续教授的生涯，并且再一次将自己的关注点放在授课、写作以及研究上。

自从他辞去校长一职，本尼斯经历了人生中贡献最大的一段时间，还出版了一些领导力领域内颇具影响力的著作。他对政界、学界以及商界的领导者的影响可谓巨大，而且领导力之所以会成为学术界的重要领域之一，也是因为他的关系。

当然，有时我们无法决定自己忙碌的程度，而且承担更多的责任并没有问题——只要我们的出发点正确。许多人的问题在于，他们不仅错误地承担了越来越多的事项，而且并非出自他们的热情或信念，只是因为别人的意思、别人的期望，或者虚荣心。因此，真正受害的是我们的激情、创新性甚至幸福感。

你怎样做才能变得不那么忙？怎样才能简化你的生活？试试断舍离吧。

88

不怕犯错

不包括犯错误的自由不是真正的自由。

——甘地

错误和过失不仅是生命中不可避免的部分，而且是成功最重要的部分。我们学会走路是从跌倒开始的，学会说话是从"咿呀"开始的，学会投篮是从投不中开始的，学会画画是从涂鸦开始的。如果将错误看作灾难，我们就会停止尝试，无法发挥自己的潜力。相对而言，当我们将错误看作反馈时，我们才得以打开学习和成长的大门。此外，当我们不再将失败看作敌人时，我们才能体验生命的奇妙，不再受制于完美主义的假象。

在一次活动中，指导老师本杰明·赞德向观众演示如何将自己从失败的恐惧中释放出来。在演示中，赞德激发了一名 15 岁的大提琴手的潜力。

这位年轻的大提琴手在演奏巴赫的作品时犯了一个错误,他看起来很焦虑。在他演奏结束后,赞德建议他,与其为了那个错误痛苦不堪,不如说:"多么令人陶醉的演奏啊!"结果那个大提琴手和观众都笑了。赞德接着继续让那个大提琴手演奏巴赫的作品,当他再次犯错误时,赞德欢快地大喊:"多么令人陶醉的演奏啊!"

将失败的恐惧释放出来仅仅 15 分钟后,这位大提琴手的演奏水平就开始稳步提升。他演奏的调子变得更轻快、更自如并且充满了喜悦。你在生命中的每一刻都可以如此,而你要做的就是认清失败的本质——让你不断进步的反馈。

89

关注外界

那些充满自信和自尊的人不会过度关注自己，也不会为自己的人生担忧。

——戴维·夏皮罗

我在想，在现代社会，抑郁症的问题之所以越来越严重，有一部分原因是自我分析被过度提倡以及自助读物日渐泛滥。今天，人们对自己心理状态的关注远远超过 100 年前，而这种关注可能会引发不安，这种对于幸福的强迫症会造成我们的不幸福。苏格拉底所说的"浑浑噩噩的生活不值得过"并没有错，但过度精细的生活只会让我们产生厌倦感，最终导致抑郁。

那么我们是否应该停止自我分析，放弃自助读物？完全不必。我们需要做的是，在对自己和外界的关注、分析和执行以及反思和行动之间找到平衡。因此，与其过度焦虑，反复分析自己的想法和感觉，不如想想你能够为他人做些什么；与其关注自己的问题，不如走出去帮助他人。

我之所以会研究积极心理学，是因为我想在生活中找到更多的意义和快乐，同时，我也想进行各种关于自尊的研究，来帮助人们建立自信和自尊。多年来，我变得更健康、更幸福，并且对自己有了更多的认知。但有时候我会感觉自己对幸福感的关注已经开始引发不幸福感，而且自己对自尊这个主题的钻研已经开始伤害自己，而不是帮助自己。

多年的经验让我意识到，我想处理问题的意愿其实是问题的一部分，于是我开始更多地将自己的关注点转向外界。比如说，设定具有吸引力的目标，可以帮助我更多地关注外界，并且使内心安静下来。同样，更多地关注学生和读者的需求，帮助也非常大。此外，结婚生子也极大地增强了我的幸福感，我现在的关注点不再是"我"，而是"我们"。

尽管在我的生活中有许多内在和外在的变化，但我有时候仍然会为达到目标而活。我发现，自我反思以及对自我心理状态的关注极其重要，我们不能忽视自身的需求，但是，将自己的注意力转向他人或另一件事，却经常可以实现内在与外在的平衡。

当你发现自己有过度自我关注和自我分析的倾向时，记得将注意力转向外界。

90

陪伴亲友

友情能够使喜悦倍增，让悲伤减半。
——弗朗西斯·培根

幸福感的第一要素不是金钱或声望，也不是成功或荣誉，而是与我们关心的人、关心我们的人相处。然而，在追求丰功伟业的过程中，我们往往会对他们习以为常，忘记了感激和欣赏，我们通常只有在失去亲友和经受病痛、遭受极大的挫折或悲剧发生时，才会明白什么是人生中真正重要的。但我们真的需要等到不幸降临时，才能真正重视我们所爱的人吗？

如果我们能够花时间享受这些亲密关系，那么我们不但会变得更幸福，而且能获得更多的力量，克服一切艰难险阻。

雪莉·尤瓦尔-亚伊尔是一名心理治疗师、歌手及作家，白天她会为病人进行心理治疗，晚上又会上台演唱，而且还撰写并出版了多本儿童图书。同时，她还拥有一个幸福的家庭和三个孩子。

她是怎么做到这一切的？当然，这并不容易。雪莉说，当她和孩子共进晚餐时，心里时常会想着当晚的演出，以及所有她在工作前需要完成的事，比如整理孩子的书包，给他们洗澡、刷牙，以及和丈夫讨论第二天的计划。

当她和家人在一起，却分心想着其他事情时，她就会提醒自己："此刻才是我应该珍惜的时刻。"她说："它就好像一个内心的开关，打开之后，它就可以把我带回家人身边，享受与我的孩子和丈夫相处的时光。"

人生的精华与核心就在于开怀大笑、与好友畅谈以及和家人相伴的每时每刻。

尽管繁重的工作任务和家务有时压得我们喘不过气，但别忘了提醒自己生活中什么才是最重要的。

91

活出有灵魂的生命

你在任何时刻都有选择，有的选择会帮助你逐渐认清自己的灵魂，有的则会让你迷失方向。

——一行禅师

我们有肉体也有灵魂，并且我们所做的一切都会反映这种二元性。我们每时每刻的行为都可以分为生理的或心灵的。

牛津英语词典将"灵性"解释为"某些人与事物的真正意义"。我在工作中经常会引用这段解释，因为它提醒我们可以选择关注自己所做之事的真正意义（比如与他人内在的联结，或者我们的行为的意义），或是选择被表面所谓的重要性的假象蒙蔽（比如物质财富或荣誉）。我们只有发现自己行为的真正意义，才能将自己变成一个有灵魂的生命体。而且，当我们提醒自己每时每刻的行为都有其重要性时，身体和灵魂才能合二为一。

商界这个领域似乎远离灵性这个话题，然而越来越多的研究指出了灵性对于组织成功的重要性，包括学校、银行、餐厅或管理咨询公司。路易斯·弗赖伊教授在其研究中表明，将灵性引进组织运作，对管理层和员工的激励是非常关键的。

相对而言，我们很容易想象神父在教会里讨论心灵的问题，我们也很容易想象医生和老师以心灵的卓越性和神圣性激励自己。然而，如果想将灵性的力量引进银行或是律师所这样的地方，那么又该怎么做呢？弗赖伊坚信，所有领导者都需要认清自己的价值观，并且将价值观以愿景的方式传达给所有人，带领下属以与价值观相符的行动一起前进。

这种现象对个人来说也是如此。你的核心价值观是什么？你在工作中最看重的是什么？当你识别了自己的价值观后，你或许可以写一份简单的列表，随时携带，用它提醒自己什么才是最重要的。然后，全心全力地活出自己的价值。

现在就开始活出你的愿景，开启人生的心灵旅程吧。

92

智慧地跟随

敢于直言不讳的跟随者所展现的正是领导力应该包含的积极性。

——沃伦·本尼斯

历史上不乏人们在跟随魅力四射的领导者之后做出惊人暴行的例子。无论是希特勒与纳粹的大屠杀，还是吉姆·琼斯与跟随者的集体自杀，这些领导者利用了大部分人都有的一种倾向：跟随性。这种跟随的欲望是人类固有的，也就是让别人来告诉自己什么是对的，什么是错的。

在大量研究中，心理学家都特别强调，人类都有喜欢服从魅力人物，服从大多数甚至等候奇迹的倾向。但我们可以选择不盲目地跟随，尤其在缺乏思考的情况下不盲目地顺从。我们可以选择用自己的双眼证实，主动思考什么是该做的事。尽管有时跟随优秀的领导者可能是正确的选择，但我们依然有责任清楚地分辨什么时候应该跟随、什么时候应该特立独行。

斯大林在 20 世纪 50 年代担任苏联领导人时，赫鲁晓夫是当时的共产党领导人之一。斯大林死后，赫鲁晓夫拜访了美国，并且在华盛顿的新闻发布会上接受了记者的采访。

简单介绍后，记者们匿名提出了一些问题，其中一个问题是："今天，您提到了您的前任领袖斯大林的恐怖统治，但您又是他在任期内最亲近的支持者和同僚。那么请问您在那些日子里都做了些什么呢？"

赫鲁晓夫停顿了一下，然后看着台下的记者。他的脸变得越来越红，好像很愤怒。接着，他做了一次深呼吸，对记者喊道："那个问题是谁问的？"他等了几秒后，又吼着说："谁问的？"台下没有任何人回答，整个新闻发布会一片寂静。过了几秒，赫鲁晓夫低声说："这就是我当时的反应。"

当然，华盛顿并没有集中营，赫鲁晓夫在当时也无法伤害任何人，但那位提问的记者始终不敢站起来，不敢为他的话承担责任。特立独行并不容易，特别是领导行为的代价就摆在面前时——地位的、物质的及其他。我们经常会选择迁就他人，把自己的无动于衷合理化，或是有意忽视。

无论你是领导者还是追随者，如果你想要一个更美好、更有道德、更公正的世界，你就必须担起自己的责任。

93

对事不对人

将人和问题本身分开，你们才能共同面对问题，而不是彼此攻击。

——玛丽萨·法夫雷加

在生活中，我们有时需要说一些别人不爱听的话，我们或许需要责备孩子、指出员工的问题，或是表达自己对伴侣的不满。这些冲突都不是轻松的事——无论是对说的人还是听的人。心理学家海姆·吉诺特建议，在这种情况下，我们一定要把人和行为本身分开。在面对问题时，该多严厉就多严厉，但在面对人的时候则要相对委婉一些。

尽管完全消除这种不快是不可能的，但我们可以尽量把它们最小化。此外，我们还要尽力在这种情况下发掘其中隐含的积极效应。

比尔·多伊尔是我在哈佛大学的壁球教练。在我大一那年，我对壁球的兴趣还没有那么强烈。对我而言，训练像一种负担——一件我必须做但并不想做的事。我当时是美国大学明星选手之一，我知道团队需要我，并且我在团队的位置也很稳定。可是当时的环境让我感到越来越沮丧，同时我也知道，比尔和其他队友对我的行为也并不是十分认可。

赛季过半的时候，比尔说要找我谈谈。这是意料之中的事。我去了他的办公室，并且准备好和他大吵一架，然后气呼呼地冲出来，再也不为这个团队打球了。

但比尔的反应和我想象的不一样。

他说："泰勒，我和队友们都很希望你能为团队效力，但不能有损于团队。"他向我解释，我的行为已经伤害了团队的士气，并且对其他队友是不公平的。他以平和、舒适却肯定的语气给了我两个选择："你可以选择遵守团队制度，负责任地留在队里，也可以选择离开。但无论如何，我都会尊重你的选择。"

那天的谈话内容完全出乎我的意料。我说我会考虑一下。几个小时后，我决定留下。

接下来三年的壁球队团队生活成了我在哈佛大学最有意义的经历，直到今天，一部分队友仍是我的好友。我从比尔那里学会了两门重要的课：团队精神，以及把人和问题分开。

94

自助者天助

掌控自己人生的决心，相比任何客观环境，都能更准确地预
测我们的幸福感。

——安格斯·坎贝尔

我们可以一生都被动地向命运低头，将自己的不幸怪罪于他
人，并且因所处的环境感到无限的挫败。我们也可以选择成为主
动为自己开路的人，为自己的生活带来积极的改变。我们可以不
断抱怨父母、老板、伴侣、健康状况、经济状况以及不幸的境遇，
我们也可以将这一切转化成我们想要的生活。

我们天生是找借口的专家——将不行动和错误的行为合理
化。找到被动以及抱怨他人的原因，总是比主动和承认错误容
易。找借口的良药就是负责任。与其绞尽脑汁找借口，与其在我
们有限的时间里把自己所做的事情合理化，不如从过去的经历中

学习，创造更美好的未来。"我可以"的态度（主动，而不是向环境低头；创造奇迹，而不是等候它们出现）是成功和幸福的最佳预测因素之一。

心理学家纳撒尼尔·布兰登被誉为"自尊运动之父"，根据他的研究，责任感是健康的自我感觉的支柱。布兰登提到，只有认可"不会有外力支援"这一事实，责任感才能被我们内化。科幻故事中的那些英雄并不会拯救我们于水火之中；没有圣贤或大师会向我们显明真理，并且为我们指出正确的人生路；没有哪位老板可以发现并奖赏我们真正的潜力，他也无法把我们带到应许之地。当你了解到在自己的人生中创造积极的改变仅仅是你个人的责任时，你才能担起责任，并且发挥生命中的无限潜能。

布兰登在工作坊里讨论了这个观点，之后一名学员挑战了他。那位学员告诉布兰登，他明白负责任的重要性，但他补充说自己并不认同"不会有外力支援"的观点。布兰登问他："你的意思是？"那位学员回答："'不会有外力支援'这个观点不对，因为你——布兰登博士，你不是来了吗？"

布兰登停顿了几秒，然后回答："你说对了，我是来了，但我来只是想要告诉你，没有人会来帮助你。"

你在生活中有没有抱怨、找借口以及等待奇迹的时候？不要再等了，从现在开始负起责任，创造属于自己的奇迹吧。

95

换个角度看世界

生命的艺术或许就是将困境转化为伟大的经历：我们可以选择憎恶雨天，或者在雨中翩然起舞。

——琼·马奎斯

有时，仅仅是改变观点，从不同的角度看待困境，就能够帮助我们消除束手无策的绝望感。我们可以将环境中的威胁看作挑战，并且做出截然不同的反应；我们可以改变自己对自己不喜欢的人的看法，并且在交流中找到一个好的开始；我们可以将失败看作学习的机会，因而增加自己再次起航的可能性；有时，我们甚至可以在痛苦中找到隐而未现的人生意义，继而将其翻转为成长的经历。

尽管客观环境的影响很大，但我们对它的主观解释也很重要。

电影史上最著名的一个片段是，基廷（电影《死亡诗社》里那个反传统的老师）在课堂上跳上桌子，并宣告："我站在这个桌子上告诉你们，我们必须经常从不同的角度看世界……你们知道吗，世界从这里看起来其实是很不一样的。"当时，他的学生被他出其不意的行为吓了一跳，基廷却没有因此停止，后来他持续帮助每个学生转变角度。他也让他们站上桌子，当有些学生想要跳下来时，他说："别像旅鼠那样走过就算了！用心去看这个世界！"

　　通过他的言行，基廷教会了学生如何以新的角度看世界。他所代表的其实就是一种角度和生活的"选择性"。

　　当我们身陷困境时，我们需要提醒自己，对环境的解释通常不止一种。改变角度是改变生活的第一步。

　　不过，改变角度的能力并不是帮助我们逃避现实的工具，勇敢地面对困难才是正确的选择。我们需要做的就是通过改变观点、用不同的角度看待同样的人、经历，避免许多不必要的麻烦。

　　当你束手无策时，尝试一下改变自己的角度，比如跳上桌子……

96

关注成功

你的关注点在哪里，你的精力和生活就在哪里。

——培根

从失败中学习很重要，所有成功的人和组织都会从失败中学习。但许多人都会过多地关注自己的失败，从而忽视成功的辉煌。这种扭曲的现实观（只关注负面，忽视积极）不但会让我们产生负面的感受，而且会妨碍我们做出最佳表现。

从成功中学习的重要性一点儿也不亚于从失败中学习。过去的失败可以教会我们什么不该做，过去的成功则让我们知道什么可以做，并且应该多做。当成功经历成为我们记忆的主导时，我们会变得更有雄心壮志、更有精力，并且为新挑战做好心理准备。

在《在职辅导培训赏析》一书中，萨拉·奥伦、杰奎琳·宾克特和安·克兰西讲了关于派蒂的故事。派蒂是一个 60 多岁、兼职做房地产贷款员的女性，她开始从事这个行业时，她身边那些计算机操作熟练、思维敏捷的年轻同事让她倍感压力。她完全没有意识到，自己一生与他人建立联结以及与他人协作的经历是多么宝贵："就好像她的优势和过去的经历已经消失了。"

后来，有一名教练在给派蒂咨询的过程中，不断地帮助她回想以往的成功经历。派蒂越多地谈论自己的能力和优势（更多地关注自己过去的积极经历），她对未来就越有信心。随着她自信心的提升和优势的发挥，成功也就随之而来了。

我们可以用大量积极的自我对话和积极思维告诉自己："你能行，一切皆有可能，明天会更好……"可是，除非有过去的成功经历作为实证，否则这些话语的影响和保证不太可能让明天变得更好。

你成功的经历隐含着未来成功的种子。与其忽视这些种子，让它们干瘪、死去，不如现在就开始浇灌它们，让它们成长吧。

97

让情绪自然流露

当一个人放下自己，甚至向悲伤屈服时，他的痛苦也就消失了。

——圣埃克苏佩里

每当我产生忧伤、嫉妒、愤怒等痛苦的情绪时，我都会提醒自己，这些情绪是自然的，是人生的一部分。而当我拒绝痛苦情绪，不让自己自然地体验它们时，它们就会膨胀和加剧。此外，当我不让自己经历悲痛、恐惧或仇恨这样的消极情绪时，我同时也限制了自己经历喜悦、幸福、爱这类积极情绪的能力。情绪的渠道只有一个，所以当我阻挡其中一部分情绪时（痛苦的），我其实也间接地阻挡了其他情绪（积极的）。

痛苦的情绪在人生中是无法避免的，因此，当我拒绝它们时，我事实上就是在拒绝人性的一部分。完整和满足的人生（幸福的人生）需要让自己经历所有正常人会出现的情绪，我需要让自己全然为人。

我和我太太塔米在迎接第一个孩子戴维到来的时候，儿科医生给了我们一个一生受用的建议，他说："在接下来的几个月内，你们将经历所有可能的情绪，而且这些情绪会非常激烈。你们将经历喜悦和惊奇、挫败和愤怒，还有幸福和恼火。这些都是正常的，我们都会经历这些。"他说对了！尽管当时的生活确实充满喜悦，但是我们也遇到了各种困难。

在戴维差不多一个月大的时候，我开始对他产生了一些嫉妒。为什么？因为我第一次感受到，塔米把全部注意力都放在了儿子身上。可是，就在嫉妒的情绪出现后不到 5 分钟，我又体验到了对戴维的无限关爱。我当时的第一反应是自己像个伪君子，并且开始怀疑自己对孩子的爱不是真实的：我怎么可能又爱他又嫉妒他呢？接着，儿科医生的话在我耳边响起，它提醒了我，我的感受其实是自然的。他所教的原来就是全然为人的道理。

这位医生的建议从两方面帮助了我。首先，由于我识别并接纳了（而不是拒绝和压制）自己的嫉妒情绪，它很快便开始减弱并失去了控制力。其次，我可以经历并享受自己浓浓的爱意，我不再有罪恶感，也不再怀疑它的真实性。

允许所有情绪（痛苦的和喜悦的）自然地在你心里流动，全然悦纳自己。

98

慷慨

一根蜡烛可以点燃一千根蜡烛，而且它自己的生命不会受到任何影响。幸福不会因为分享而被削弱。

——释迦牟尼

许多人在生活中都有一种假设——无论是有意识还是无意识的，那就是他们在无法获得即时和实际的回报的情况下去给予会遭受损失。他们认定资源是有限的，所以他人的收获就等同于自己的损失。他们未看到给予的诸多好处，慷慨才是最利己的行为。

对我而言，慷慨会为我带来四大好处：第一，每次慷慨的行为都或多或少地把世界变成了更美好的地方；第二，因为同理心，所以每当我看见我所帮助的人快乐，我的幸福感都会提升；第三，善行的回报其实不只是让自己感觉更好，它也能帮助我成为更成功的人；第四，当我发现自己的行为能够为世界做出贡献时，我的生命也因此变得更有意义。每个人都需要感受到自己在创造价值，都需要感受到他在营造一个更好的世界的过程中做出了贡献。

那些慷慨给予的人都是更成功的人。比如说，成功的领导者都会无私地分享自己的知识。相比之下，那些因为担心竞争而不愿意和员工分享自己的经验和专业知识的领导者，成功率要低很多。慷慨的领导者不会从他的员工身上感到威胁，他们会招募最好的员工，并且帮助他们变得更优秀。因此，这些领导者可以创造更好的业绩、更成功，他们的责任心也更强。

我发现了领导者的成功与慷慨之间的关系：一些才华横溢的领导者因吝于分享而危害了自己的成长，一些慷慨的领导者因善于分享而走向卓越。从长远的角度看，慷慨能为自己和他人带来利益。

慷慨的回报经常通过实际成果展现，它们总是能够提升人们的幸福感。幸福是一种无尽的资源——一个人的收获并不会成为另一个人的损失。慷慨可以为我们打开心灵和情感财富的大门，让我们从中汲取无尽的精华。

让自己成为一个慷慨的人吧！

99

耐心

将知识应用于物质世界时，这个过程相对较快，比如物理学和基因学。但将这些知识用来改进我们的习惯和期望时，这个过程就变得痛苦而漫长了。

——米哈里·契克森米哈赖

在希伯来文里，sevel（苦难）、sibolet（忍耐）以及 savlanut（耐心）都来自同一个词根。在成长的过程中，我们必须学会忍耐，学会承受苦难。如果你认为个人的改变是一个不需要努力、快速的过程，那么随之而来的则一定是失望和挫败。

戴维·史奈奇在关于亲密关系的研究里，指出了"有意义的忍耐"的重要性，并且将其解释为在面对成功的、长期的亲密关系中不可避免的挑战时应有的态度。爱人之间需要共同面对挑战，而这也包含了苦难。然而，这是一个有意思的过程，因为它可以为双方建立更深刻、更美好的关系。同时，这里提到的耐心和有意义的忍耐也是所有改变过程的前提，包括个人的、人际的以及团队的积极改变。

我曾在以色列阿德勒学院的一个子女教育工作坊里听过这样一个故事。有一位女士在超市购物时，她的孩子忽然哭了起来，那位女士温柔地和孩子说："莎伦，我们再买几样东西就好了。"但孩子哭得更大声了，于是那位母亲又温柔地说："莎伦，我们其实已经买完了，现在只需结账就好了。"

可是到了收银台后，孩子的哭喊声更大了。这时那位母亲依然平静且镇定地说："莎伦，我们就快好了，然后我们就可以上车了。"那个孩子一路哭喊，直到上了车。

到了停车场后，一个年轻人走过来对这位母亲说："我刚才一直在关注你们……我想说的是，你在莎伦大闹时保持平静的能力让我很佩服。你今天真是给我上了重要的一课。"

那位母亲对那个年轻人说了声"谢谢"，然后说："事实上，我才是莎伦。"

100

在平凡中发现非凡

在平凡中看见神奇是智慧的不变特征之一。

——爱默生

每当我看这个世界的时候，我总是能看到各种神奇之处，甚至在"看"这个举动之中。虽然科学可以阐明视觉是什么，例如，视觉皮层的影像是如何形成的，每个神经细胞都有什么功能，但它无法解释我为何能够看见以及我到底看见了什么。"我是一个有意识的人"这样一个平凡的事实其实是一种非凡的现象、一个科学无法解释的奇迹。每时每刻，我都可以有意识地选择接受一个事实：活着本身就是不平凡的。如果我愿意花时间观察（仔细地观察）一个人、一棵树或一辆车，我就会发现，其实生命一点儿也不枯燥。世界是多么有意思、多么令人陶醉啊！

我 27 岁时住在新加坡，在一家货运公司做组织行为顾问。

一天，下班后，在回家的路上，我像往常一样走上了一座桥。那天之前，这座桥只是我回家的必经之路。但就在那天，事情发生了变化，或者说我发生了变化。

我上了桥，接着就被眼前的景象牢牢吸引住了。我看见了许多石头、树还有鸟，我看见了广告牌、路灯、高楼大厦还有车子，我看见了很多人，也看见了自己。我站在一切人、事、物的中间，有意识地观察着、思考着、反思着，并且有生以来第一次真正"看见了"。

直到那天，我从未特意观察过自身和周遭的奇妙。我每天都会看见同一座桥、同样的风景，而这些反复出现的景象早已蒙蔽了我实际看到的东西。爱默生说过："如果星星 1 000 年才出现一次，那么人们将会多么喜爱它们，并且会将曾经看见的上帝之城的印象代代相传。"但由于星星每晚都会出现，由于我们身边的树木太多，因此我们把"上帝之城"看作理所当然的。但就在那一天，我发现，自己原来也是奇迹的一部分。过度熟悉或许会麻痹我对奇迹的敏感度，但它无法使奇迹消失。

下次过桥的时候，你不妨抬头看看星空，看看那些陌生人的眼神，或者闭上眼睛冥想。你只要记得，在生命的每一刻，你都可以选择真正"看见"。

101

珍惜梦想

奔向月球，即使迷失方向，也会着陆于星际之间。

——莱斯·布朗

我们身边会有许多声音，告诉我们要放弃梦想、安安稳稳地过日子。这些声音甚至来自那些充满善意、真正关心我们的人，他们不希望我们失望、不希望我们受伤。的确，期望值越低，短期内不幸福的可能性就越小。然而，期望值过低会阻止我们抵达原本可以达到的境界，并且最终因为努力不够、无法发挥自己的潜力，从而产生更多不幸。尽管我们未能达成某个梦想，但我们很可能在这个过程中拓展了自己的眼界，达到了新的境界，甚至实现了其他梦想。

人生的意义在于追求自己的梦想。

我的父母一直很重视我的梦想。小时候，我经常会告诉父亲自己感兴趣的事情，比如工程、种植、刺绣、心理学、音乐或航空技术，而他总是会立刻将该领域最新的发展情况告诉我，甚至当我的兴趣变得比模特换衣服的速度还快时，他依然会不辞辛劳地支持我。

我的母亲也一样。当我和弟弟表示我们想成为壁球世界冠军时，她立刻加入了我们的梦想之旅，而且从不对我们施加压力，永远支持我们。我们最终并没有实现梦想，只赢得了几个全国冠军，但重要的是，我们认识到了为了目标努力奋斗的价值，学会了面对挑战、失败。最重要的是，我们认识到自己的梦想是最重要的。

今早，我向母亲说了自己最新的梦想，那就是成立一个积极心理学的在线研究生认证课程。我不知道自己是否真的会追求这个梦想，但仅仅过了几个小时，母亲就打来电话，告诉我她对课程内容的一些建议。她还是一如既往地重视我的梦想。

我要将这本书献给我的父母。如果没有他们，我就不会是今天的自己。

致 谢

我热爱写作，我也很庆幸自己选择成为一名作家，我更感激那些因我所选择的专业而成为我生命一部分的人。金·库珀和亚当·维塔尔自始至终在帮助我完成这本书，就爱默生对理想友人的定义来说，他们是我"美丽的敌人"，他们挑战我、推动我，并且帮助我成为更好的作家和思想者。

每当我产生写作的想法时，我第一个找的人就是萨加林代理公司的雷夫·萨加林。每次，他在我漫长的写作过程中提出的建议总是充满智慧、富有启发性，特别是他提议与实验出版社共同出版这本书，更是让我钦佩不已。在与马修·洛尔、卡拉·贝迪克及其团队的合作过程中，我也在个人和专业方面获益良多。

Speaking Matters 的 C. J. 洛诺夫在过去 10 多年里为我的许多工作做了美好的铺垫，每当预见未来我们一起前行的美景时，我都会兴奋不已。

我深深地感激埃伦·兰格，她关于"选择"这个主题的开创性研究对我的思想有着重大的影响。她就此主题的研究一直以来都有着革命性的贡献。在这本书里我引用了许多心理学家的研究，在此我要对他们表示感谢，尤其是爱德华·德西、希娜·艾扬格、索尼娅·柳博米尔斯基、卡伦·莱维奇、理查德·瑞安、巴里·施瓦茨、马丁·塞利格曼以及肯农·谢尔登。

多次和拉米·齐夫对话启发了我在本书里撰写的诸多选择主题，而我之所以会选择成为心理学家和哲学家，也是因为受到他的智慧的影响。

普尼尼特·拉索–内策和乔治·佩雷尔曼通读了我的原稿，并且提出了宝贵的反馈意见。

泽维克和阿特雷特是世界上最好的弟弟和妹妹，他们非凡的洞察力经常帮助我写作和思考。我也很感激我的妹夫乌迪·莫泽什成为我们大家庭的一员，在我们一起工作的过程中，他的专业性（特别是他的仁慈和慷慨）是我最好的榜样。

在 14 岁认识塔米是我一生中最幸运的事，而决定与她共度此生以及共同养育三个可爱的子女则是我一生中最棒的选择。

我要将这本书献给我伟大的父母。唯有到了现在，当我自己也为人父母时，我才明白，在养育子女的过程中要面对很多选择。他们为这个家庭所做的牺牲和贡献，是我一生都感激不尽的。

这段话是我在特拉维夫到纽约的航班上写的。在我动笔前，我原本感到非常疲惫，在上飞机前，我刚刚度过了一个特别长、特别忙碌的工作日，并且因为前一天晚上孩子不舒服，我整夜没有睡好。但就在我开始想那些值得我感激的人时（以上所有我提到的，以及许多我未能提及却一样感激的人），一种新的感觉和精力又出现了。这也再次提醒我，人生那些看似简单的选择，对我们的生活其实具有长远和重大的影响。同时，我要对那些值得我们感激的人表示感谢，这真的是我们最好的选择之一。

我有选择，并且我要选择。

选择可以让我释放
每时每刻的潜能。
当你对当下的潜能有所觉知时，
你的人生将充满动力和意义。
当每时每刻都变得有意义时，
人生就有了意义。